# Python 程序设计基础实践指导

**主编** 王浩淼 冯 斌 冯 玲 张 雷

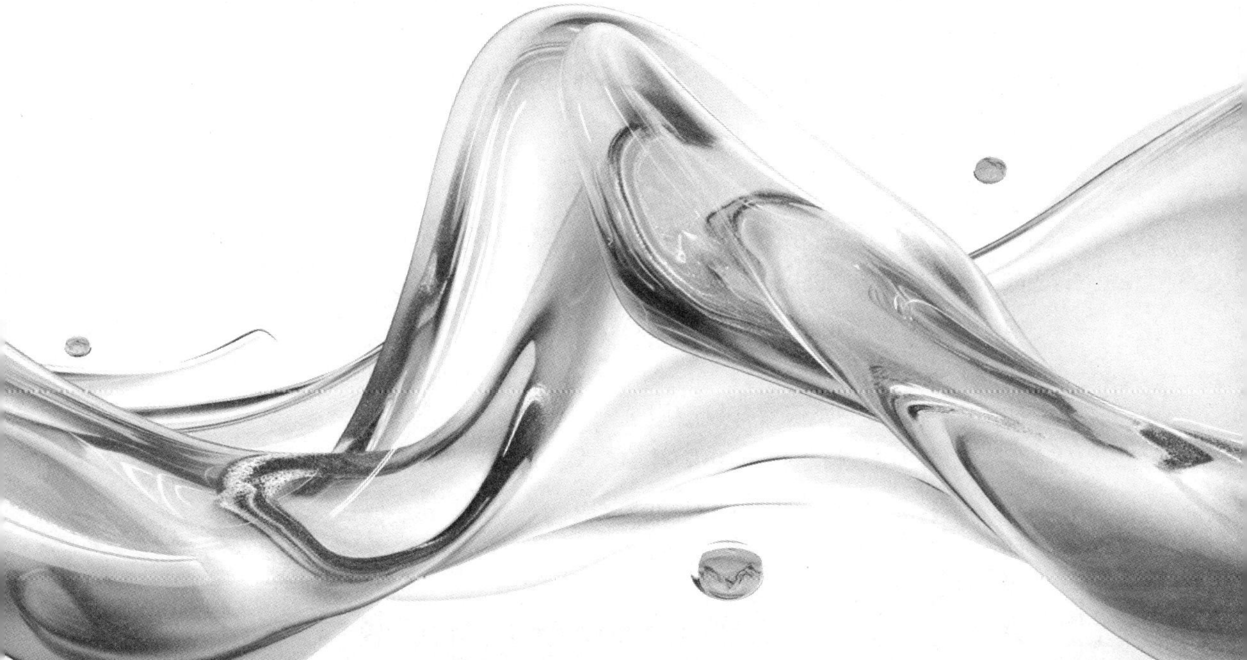

中国石油大学出版社
CHINA UNIVERSITY OF PETROLEUM PRESS
山东·青岛

**图书在版编目(CIP)数据**

Python 程序设计基础实践指导 / 王浩淼等主编 . 青岛：中国石油大学出版社，2024. 9. -- ISBN 978-7-5636-8317-8

Ⅰ. TP312. 8

中国国家版本馆 CIP 数据核字第 2024060LA6 号

书　　名：Python 程序设计基础实践指导
　　　　　PYTHON CHENGXU SHEJI JICHU SHIJIAN ZHIDAO

主　　编：王浩淼　冯　斌　冯　玲　张　雷

---

责任编辑：魏　瑾（电话　0532—86983564）

责任校对：刘　洋（电话　0532—86983583）

封面设计：赵志勇

---

出 版 者：中国石油大学出版社
　　　　　（地址：山东省青岛市黄岛区长江西路 66 号　邮编：266580）

网　　址：http://cbs.upc.edu.cn

电子邮箱：jichujiaoyu0532@163.com

排 版 者：胡俊祥

印 刷 者：泰安市成辉印刷有限公司

发 行 者：中国石油大学出版社（电话　0532—86983437）

开　　本：787 mm × 1 092 mm　1/16

印　　张：8.75

字　　数：202 千字

版 印 次：2024 年 9 月第 1 版　2024 年 9 月第 1 次印刷

书　　号：ISBN 978-7-5636-8317-8

定　　价：28.80 元

# 前　言

PREFACE

随着信息技术的高速发展，计算机编程已成为现代社会不可或缺的一项基本技能。Python 程序设计语言作为一种简洁、易读且功能强大的编程语言，近年来伴随着人工智能的发展，在全球范围内受到了广泛的关注和应用。

Python 是一种非常适合新手入门、非专业人士针对行业领域进行应用开发的编程语言。2018 年，Python 被列入全国计算机等级考试二级科目，成为国家等级考试的一部分，并且相关课程已逐步由高校推广到中小学阶段。为了满足广大读者学习 Python 编程的需求，我们根据《全国计算机等级考试二级 Python 语言程序设计考试大纲》（以下简称大纲）编写了本书。

本书旨在帮助读者系统地掌握 Python 编程的基础知识与实践技能，通过大量的实例和练习，加深理解，提高编程能力。同时，本书也注重培养读者的逻辑思维和问题解决能力，使读者能够运用 Python 语言编写出高效、可靠的程序。

在编写过程中，我们充分参考了大纲，确保本书内容涵盖了大纲所要求的所有知识点，并根据考试的形式和要求，在书中整理了大量的模拟题和练习题，帮助读者熟悉考试题型，提高应试能力。

本书内容分为以下几个主要部分：

计算机基础知识：介绍计算机中的信息表示、计算机的组成、算法与程序等基础概念，并简要介绍了 Python 语言的发展历程和特性。

Python 开发环境：主要介绍计算机等级考试 Python 科目的编程环境，以及如何进行搭建和使用。

Python 基础语法：主要介绍 Python 的数据类型、输入输出语句、变量的概念、代码编写格式与规范等内容，为后续学习打下坚实的基础。

程序控制结构：介绍程序流程中的顺序结构、分支结构、循环结构三大结构，以及对应的语法格式和注意事项，并讲解了 Python 中的异常处理机制，以及如何使用调试工具进行程序调试。

组合数据类型：重点介绍了列表、字典、字符串、元组等复杂数据类型及其处理方法，以及如何实现组合数据类型的复制拷贝。

函数与模块：详细讲解 Python 中的函数定义、调用、参数传递、递归函数以及内置模块的使用，使读者能够编写出更加复杂的程序。

面向对象编程：阐述面向对象编程的基本概念，包括类、对象、继承、多态等，并通过实例加深理解。

文件与数据处理：介绍 Python 中文件操作的基本方法，以及如何使用 Python 处理常见的数据格式(如文本文件、CSV 文件等)。

Python 计算生态：介绍 Jieba、PyInstaller 等考纲要求的第三方库。

模拟练习：提供大量的模拟题和练习题，帮助读者巩固所学知识，提高编程能力。

在编写过程中，我们力求语言通俗易懂，实例丰富多样，使读者能够轻松上手。同时，我们也注重实用性和可操作性，使读者能够真正掌握 Python 编程的精髓。最后，我们衷心希望本书能够为学习 Python 编程的广大读者提供帮助，同时也欢迎读者在使用过程中提出宝贵的意见和建议，以便我们不断完善和改进。

编　者

2024 年 5 月

# 目　录
CONTENTS


第 1 章　计算机基础知识与 Python 编程语言概述……001

知识概述……001

1.1　计算机基础……001

1.2　编程的概念与 Python 的发展……004

1.3　Python 语言的特点……005

1.4　Python 的应用领域……006

习题解析……007

扩展练习……008

第 2 章　Python 基础开发环境……010

知识概述……010

2.1　计算机等级考试(Python)简介……010

2.2　考试环境安装……010

2.3　考试环境的使用……012

习题解析……013

第 3 章　Python 基础语法……015

知识概述……015

3.1　基本数据类型……015

3.2　变量与保留字……017

3.3　数据类型的转换与运算……018

3.4　输入与输出函数……020

3.5　代码书写格式规范……021

习题解析……022

扩展练习 …… 024

第 4 章 程序结构 …… 029

知识概述 …… 029

4.1 顺序结构 …… 029

4.2 选择结构 …… 029

4.3 循环结构 …… 031

4.4 异常处理 …… 034

习题解析 …… 034

扩展练习 …… 036

第 5 章 组合数据类型 …… 047

知识概述 …… 047

5.1 列表 …… 047

5.2 元组 …… 048

5.3 字符串操作 …… 048

5.4 字典 …… 049

5.5 集合 …… 050

5.6 组合数据类型的运算 …… 050

5.7 组合数据类型的复制拷贝 …… 051

习题解析 …… 052

扩展练习 …… 054

第 6 章 函数与模块 …… 062

知识概述 …… 062

6.1 函数 …… 062

6.2 局部变量与全局变量 …… 063

6.3 函数的嵌套调用与递归调用 …… 064

6.4 内置模块与自定义模块 …… 064

习题解析 …… 065

扩展练习 …… 068

第 7 章 面向对象编程基础 …… 076

知识概述 …… 076

7.1 面向对象的概念 …… 076

7.2 类与对象 …… 077

7.3 类的定义与对象初始化 …… 078
习题解析 …… 078
第 8 章 文件操作 …… 087
知识概述 …… 087
8.1 文件类型与格式 …… 087
8.2 文件的读写 …… 088
8.3 文件与目录操作 …… 089
习题解析 …… 090
第 9 章 Python 计算生态 …… 097
知识概述 …… 097
9.1 常用第三方库的简介与安装 …… 097
9.2 打包库 PyInstaller …… 098
9.3 中文分词库 Jieba …… 099
习题解析 …… 099
第 10 章 Python 应用领域概述 …… 102
知识概述 …… 102
10.1 数学计算与统计 …… 102
10.2 数值计算与分析 …… 103
10.3 物理与电子工程 …… 103
10.4 建筑与机械 …… 105
10.5 环境工程设计 …… 106
10.6 生物化学 …… 106
10.7 经济管理 …… 108
习题解析 …… 110
第 11 章 Python 编程综合训练 …… 111
综合训练 …… 111
第 12 章 全国计算机等级考试编程模拟练习 …… 122
模拟练习 …… 122

第1章

# 计算机基础知识与Python编程语言概述

随着计算机硬件性能的不断飞跃，程序设计语言也几经变迁，由最初的机器语言、汇编语言逐渐发展为更接近自然语言的高级语言。其中，Python语言凭借其明确、简洁、开放的特点，成为广受欢迎的程序设计语言之一。Python有非常强大的第三方库，可供用户直接下载调用，大大降低了开发周期，避免“重复造轮子”。由于Python在数据分析、图像处理、人工智能等方面都有卓越表现，因此吸引了越来越多的专业人士以及编程爱好者加入开发阵营，奠定了其光明的发展前景。

知识概述

## 1.1 计算机基础

### 1.1.1 计算机中的信息表示

计算机是基于二进制的原理进行工作的，其所有的数据均由“0”和“1”组成。在二进制系统中，位、字节、字等基本的单位构成了复杂的信息表达系统。它们的定义如下：

（1）位（bit，简写为b）。

位是计算机中最小的信息单位，也是最基本的单位，表示二进制位。二进制中每一位的状态只能是“0”或“1”。

（2）字节（byte，简写为B）。

字节是计算机系统中最小的存储单位。1字节由8位组成，是存储空间的基本计量单位，通常1字节可以存储半个汉字或一个英文字母。

（3）字（word）。

字是计算机进行数据存储、处理和运算的单位，由若干字节组成。字的位数叫字长。具有不同处理器性能的计算机的字长不同，例如：在32位处理器中，1字=4字节=32位；在64位处理器中，1字=8字节=64位。

计算机数据存储单位之间的换算关系如下：

1 B = 8 b

1 KB（千字节）= 1 024 B = $2^{10}$ B

1 MB（兆字节）= 1 024 KB = $2^{20}$ B

1 GB（千兆字节）= 1 024 MB = $2^{30}$ B

1 TB（太字节）= 1 024 GB = $2^{40}$ B

### 1.1.2 数制及其转换

数制也称计数制，是指用一组固定的符号和统一的规则来表示数值的方法。人们通常采用的数制有十进制、二进制、八进制和十六进制。编码是用预先规定的方法将文字、数字或其他对象编成数码，或将信息、数据转换成规定的电脉冲信号。编码在计算机、遥控、通信等领域广泛使用。编码是信息从一种形式或格式转换为另一种形式或格式的过程。解码是编码的逆过程。

在人们使用的计数制中，表示数的符号在不同的位置上时，所代表的数的值是不同的。

二进制是计算机技术中广泛采用的一种数制。二进制数据是用“0”和“1”两个数码来表示的数。它的基数为 2，进位规则是“逢二进一”，借位规则是“借一当二”。当前的计算机系统使用的基本上都是二进制系统，通常以“0b”开头。

十进制是人们日常生活中最熟悉的进位计数制。在十进制中，数用 0，1，2，3，4，5，6，7，8，9 共 10 个符号来描述。十进制进位规则是“逢十进一”。

八进制也是计算机技术中广泛采用的一种数制。在八进制中，数用 0，1，2，3，4，5，6，7 共 8 个符号来描述。八进制进位规则是“逢八进一”，通常以“0o”开头。

十六进制是人们在计算机指令代码和数据书写中经常使用的数制。在十六进制中，数用 0，1，…，9 和 A，B，…，F 共 16 个符号来描述。十六进制进位规则是“逢十六进一”，通常以“0x”开头。十六进制数与十进制数的对应关系为：十六进制数 0 ～ 9 对应十进制数 0 ～ 9，十六进制数 A ～ F 对应十进制数 10 ～ 15。

各进制数字之间的转换规则如下：

十进制数转换为其他进制数时，对于整数部分，采用“除 $N$（进制基数）取余，逆序排列”的方式进行换算，对于小数部分，则是“乘 $N$ 取整，顺序排列”的原则。

其他进制数转换为十进制数时，对于整数部分，首先从当前进制数的右边第一位起，从右往左，先用该进制数每一位上的数乘以基数相应位数的幂（指数从 0 开始），然后把每一位的乘积相加即可得到对应的十进制数。对于小数部分，小数点后第一位的位数记为 -1，从左往右递减。即先把 $N$ 进制数写成加权系数展开式，然后按十进制加法规则求和。这种做法称为按权相加法。

对于二进制数与八进制数、十六进制数的转换，则是分别按照每 3 位和每 4 位二进制数对应 1 位八进制数和十六进制数进行转换。

### 1.1.3 计算机系统的组成

计算机系统主要分为硬件、软件两部分，硬件是指计算机中的物理设备，软件为能够在计算机硬件上运行的程序。

1944 年，美籍匈牙利数学家冯·诺依曼（如图 1-1 所示）提出了关于计算机基本结构和工作方式的设想，为计算机的诞生和发展提供了理论基础。而计算机发展到现在，其体系结构仍属于冯·诺依曼架构。

图 1-1 冯·诺依曼

冯·诺依曼提出的理论要点有以下两点：

（1）计算机硬件系统由运算器、控制器、存储器、输入设备和输出设备五部分组成。其中，运算器和控制器共同组成中央处理器单元（Center Process Unit，CPU）。CPU 用于执行指令，如算术操作、从别的设备写入或读出数据。存储器分为内存和外存。CPU 从内存中读取所需要的数据进行处理。外存包括硬盘、闪存等设备。键盘、鼠标等输入设备用于接收用户输入的数据和指令。显示器通常作为输出设备。

（2）存储程序思想。存储程序思想是指把计算过程描述为由许多命令按一定顺序组成的程序，然后把程序和数据一起输入计算机，计算机对已存入的程序和数据进行处理后，输出结果。图 1-2 为计算机硬件系统结构图。

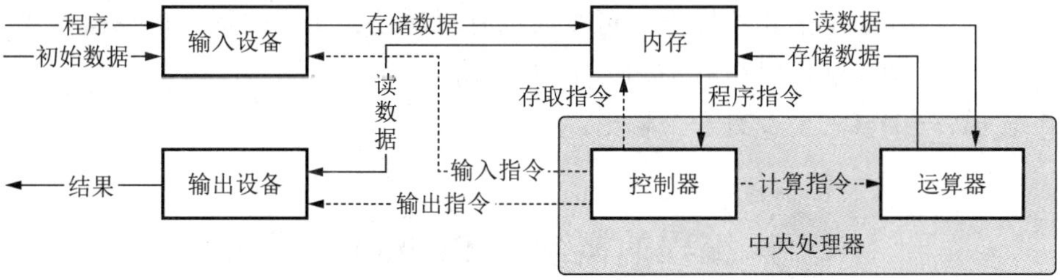


图 1-2 计算机硬件系统结构图

软件是一系列按照特定顺序组织的计算机数据和指令的集合，如程序、数据、音频、视频等。

计算机软件一般分为系统软件和应用软件两大类。系统软件一般指操作系统和通用平台，为计算机用户提供基本功能，如 UNIX，Windows，Linux 和 Android 等。应用软件是为特定目的设计的软件，不同的应用软件可以提供应用于不同领域的不同功能，如 Office，Photoshop 等。

软件和程序是两个概念，在软件发展早期，初学者往往会混淆。因为初期的软件具有生产个体化、规模较小、功能单一的特征，软件只有程序而无文档，容易让人错误地认为"软件等于程序"。程序是为实现特定目标或解决特定问题而用计算机语言编写的命令序列的集合，通过使用与自然语言具有相似的语法和语义的程序设计语言编写源代码，利用特定的工具将其翻译成 CPU 能执行的指令，达到特定的目的。

### 1.1.4 算法

（1）算法的定义。

算法是对特定问题求解步骤的一种描述，它是指令的有限序列，其中每一条指令表示一个或多个操作。

（2）算法的组成。

算法由操作、控制结构、数据结构三要素组成。

算法的操作有算术运算（如加、减、乘、除）、比较运算（如大于、小于、等于、不等于）、逻辑运算（如与、或、非）、数据传输（如输入、输出、赋值）。

算法的控制结构给出了算法的框架，决定了各操作的执行顺序。算法的控制结构包括顺序结构、选择结构和循环结构。

① 顺序结构：各指令按先后顺序依次被执行。

② 选择结构：由条件是否成立来选择性地执行部分指令。

③ 循环结构：有些操作要重复执行，直到不满足条件才结束，这种控制结构也称为重复结构或迭代结构。

算法操作的对象是数据，数据的逻辑关系、存储方式和处理方式即数据结构。

（3）算法的性质。

① 有限性：一个算法所要实现的功能须在有限的步骤内完成。

② 确定性：算法中的每条指令都有确切的含义。

③ 可行性：算法中描述的操作都可以通过有限次已经实现的基本运算操作实现。

④ 输入：一个算法可以有 0 个、1 个或多个输入。

⑤ 输出：一个算法至少有一个输出。

## 1.2 编程的概念与 Python 的发展

### 1.2.1 计算机软件系统与软件编程

操作系统（Operating System，OS）是运行在计算机上的一套系统软件，负责管理计算机的软硬件资源，例如 Windows，iOS，Android 等都是大家所熟知的操作系统。程序员在编写程序时，需要通过操作系统这个基础软件与硬件打交道。操作系统提供了一套系统调用，使得程序员能够通过这些系统调用来使用操作系统对外提供的各项服务。但是，这些系统调用十分复杂，因此，操作系统又定义了一些库函数，将系统调用组合成具有特定功能的程序模块，供程序员直接使用。程序员使用这些系统调用实现具体的软件功能的过程，就是所谓的编程。

编程过程中不可避免地要调用计算机的基本指令，如果完全使用基本指令来说明所有操作，那么程序代码将变得非常冗长且难于阅读和修改。随着经验的增加，程序员们渐渐发现，许多特定的指令组合会重复出现，如果能实现复用，则可以减少很多工作量。于是，封装（packaging）技术应运而生，即把执行特殊功能的指令打包成一个程序块，然后给这个程序块起一个易记可查的名字，在程序块复用的时候，可以直接通过名字调用。

随着计算机硬件技术的发展和编程范式的不断发展，编程也变得越来越简单。从汇编语言到 C 语言，从 C++ 到 JAVA，再到 Python，编程语言越来越接近人类的自然语言。以 Python 为例，在丰富的第三方模块支持下，一个功能的实现往往只需要几个接口的调用、几行代码即可，不仅使得编程门槛大大降低，而且提升了编程效率。Python 也正是在这一点上做得足够优秀，才成了如今的主流编程语言之一。

### 1.2.2 Python 的起源与发展

Python 的开发者是荷兰人吉多·范·罗苏姆（Guido van Rossum），是一个拥有数学背景的计算机专家。为改进当时编程语言复杂的语法和编程范式，1989 年的圣诞节，他决定利用假期开发一款新的程序设计语言。1991 年，第一个 Python 解释器诞生，它是用 C 语言实现的，并能够调用 C 语言的库文件。借助于 C 与 C++ 语言多年来的储备，Python 从诞生起就站在了巨人的肩膀上。

罗苏姆本人是一个开源主义者，他维护了一个邮件列表，并把早期的 Python 用户都放在里面。这些程序员来自不同的领域，有不同的专业背景，但无一例外都是优秀的程序员，有卓越的开发能力。得益于 Python 的开放性和拓展性，这些优秀的程序设计人员不断为 Python 注入新的特性，使得 Python 语言不断发展，活力十足。

对于初学编程的人来说，Python 是一个很好的选择，它的语法简单且模块丰富，可以让初学者在较短的时间内写出一个属于自己的程序，便于业余编程者解决实际问题。

## 1.3 Python 语言的特点

Python 的命名源于设计者最喜爱的马戏团的名字，其设计哲学是优雅、明确、简洁，特点如下：

（1）简洁、易读。Python 是一种代表简单主义思想的语言，有简单的语法，容易上手。Python 使程序开发者能够专注于解决问题而不是去搞明白语言本身。另外，Python 是一种动态语言，即程序中数据的类型是在程序运行时由 Python 系统自动识别的，不需要程序开发者在源程序中事先声明。

（2）面向对象的高级语言。程序开发者无须关注诸如管理程序内存等底层细节，而C或C++等计算机程序设计语言则需要操作指针。与其他语言相比，Python以强大而又简单的方式实现面向对象编程。

（3）解释型语言。Python语言是一种解释型语言，它直接在源代码上运行，即Python解释器把编制的Python源程序文件逐句翻译成机器代码，并同时执行。解释型语言的运行效率较低，但是这类语言也有一些优点，如具有极佳的调试支持。随着计算机硬件的发展，Python的运行效率已不是核心问题。

（4）免费开源、可移植。用户可以自由地拷贝、阅读和修改Python的源代码，Python团队也希望一些优秀的人能够不断改进它。由于其开源本质，Python已经被移植在许多平台上，包括Linux、Windows、移动平台等。

（5）可扩展、可嵌入。如果希望一段关键代码运行得更快或者希望其算法不公开，可以把这部分程序用C或C++编写，然后在Python程序中使用它。也可以把Python嵌入C或C++程序，从而向用户提供脚本功能。

（6）开发效率高。Python标准库（安装时默认自带的库）十分丰富，可以直接调用。Python还有非常丰富强大的第三方库（需要下载安装的库）。调用Python库后，在基础库的基础上再进行开发，可大大降低开发周期，避免“重复造轮子”。由于Python能够很方便地调用第三方模块，因此它也被称为“胶水语言”。

## 1.4 Python的应用领域

目前来看，Python的主要应用领域可以总结如下：

（1）Web开发。

Python拥有免费易用的数据库、Web框架等第三方库。世界著名社交网站Facebook（Meta）的大量基础库均通过Python实现。

（2）网络编程。

网络编程可以称为一切开发的“基石”。网络编程所需的各类协议、封包、解包等底层技术，Python全部进行了封装。

（3）爬虫开发。

在爬虫领域，Python几乎是霸主地位，可以将网络上的一切数据作为资源，通过自动化程序进行有针对性的数据采集以及处理。

（4）云计算开发与大数据。

Python是从事云计算领域工作必须掌握的一门编程语言，目前主流的云计算框架OpenStack、大数据框架PySpark等，都是由Python开发的。

（5）人工智能。

AI时代来临后，Python从众多编程语言中脱颖而出，各种人工智能算法框架均支持 Python 语言，特别是 PyTorch 人工智能框架问世后，Python 成为开发人工智能的首选计算机语言。

（6）数据分析与科学运算。

Python 提供了 NumPy，Pandas，SciPy 等丰富的数据分析模块，以及常见的金融分析策略，如“双均线”“周规则交易”“羊驼策略”“Dual Thrust 交易策略”等。

众多开源的科学计算软件包都提供了 Python 的调用接口，如著名的计算机视觉库 OpenCV、三维可视化库 VTK、医学图像处理库 ITK 等。而 Python 专用的科学计算扩展库就更多了，如 NumPy，SciPy 和 Matplotlib，分别为 Python 提供了快速数组处理、数值运算以及绘图功能。

（7）游戏开发。

Python 非常适合编写 1 万行以上的项目，而且能够很好地把游戏项目的规模控制在 10 万行代码以内。其提供的 Pygame 库可以很方便地进行二维游戏的设计与开发。

## 习题解析

1. Python 是一种________语言。

【解析】Python 是一种面向对象的解释型程序设计语言。故答案为解释型。

2. 十进制数 1 000 对应的二进制数为________，对应的十六进制数为________。

【解析】将 1 000 除 2 进行取余，得到商和余数，继续对商进行除 2 取余，直至商为 0，再将每一轮余数自下向上排列，得到二进制数 $(1111101000)_2$ 或 1111101000B，将该二进制数从右向左每 4 位分成 1 组（高位不足 4 位的以 0 填充），对每一组进行十进制转换，得到十六进制数 $(3E8)_{16}$ 或 3E8H。

3. Python 较新的版本是(　　)。

A. 1. ×　　　B. 2. ×　　　C. 3. ×　　　D. 4. ×

【解析】目前 Python 官方最新版为 3.12.×，4.0 版本尚未发布。故答案为 C。

4. 以下选项中说法不正确的是(　　)。

A. 解释是将源代码逐条转换成目标代码并同时运行的过程

B. 编译是将源代码转换成目标代码的过程

C. Python 语言是解释型语言，兼有编译功能

D. 静态语言采用解释方式执行，脚本语言采用编译方式执行

【解析】脚本语言不能采用编译方式执行。故答案为 D。

5. Python 文件的后缀名是(　　)。

A. pdf　　　B. do　　　C. pas　　　D. py

【解析】Python 的源码文件格式为“.py”。故答案为 D。

6. 在信息的组织中，最基本的单位是(　　)。

A. 字节（B）　　　B. 二进制位（b）

C. 字（word）　　　D. 双字（double word）

【解析】二进制位是信息组织的最小单位和最基本单位，字节为信息存储的最基本单位。故答案为B。

## 扩展练习

### 一、单选题

1. 下列关于世界上第一台电子计算机ENIAC的叙述中，不正确的是(　　)。
   A. ENIAC是1946年在美国诞生的　　B. 它主要采用电子管和继电器
   C. 它采用二进制表示数据　　D. 它主要用于弹道计算
2. 第二代计算机采用(　　)作为其基本逻辑部件。
   A. 磁芯　　B. 微芯片　　C. 导体存储器　　D. 晶体管
3. 数制是(　　)。
   A. 数据　　B. 表示数目的方法
   C. 数值　　D. 信息
4. 第四代计算机不具有的特点是(　　)。
   A. 编程使用面向对象程序设计语言
   B. 发展计算机网络
   C. 内存储器采用集成度越来越高的半导体存储器
   D. 使用中小规模集成电路
5. 执行逻辑与运算10101110 ∧ 10110001，其运算结果是(　　)。
   A. 01011111　　B. 10100000　　C. 00011111　　D. 01000000
6. 八进制数 -57 的二进制反码是(　　)，码长为8。
   A. 11010000　　B. 01000011　　C. 11000010　　D. 11000011
7. 计算机中运算器的主要功能是进行(　　)。
   A. 算术和逻辑运算　　B. 逻辑运算
   C. 加法运算　　D. 算术运算
8. 计算机执行程序时，在(　　)的控制下，逐条从内存中取出指令、分析指令、执行指令。
   A. 运算器　　B. 控制器　　C. 存储器　　D. I/O设备
9. 将二进制数01001001转换为十进制数是(　　)。
   A.78　　B. 73　　C. 70　　D. 69
10. 将十进制数45转换成二进制数是(　　)。
    A.100110　　B. 110011　　C. 101101　　D. 100101
11. 下列数据中的最大数是(　　)。
    A. 12O　　B. 1FH　　C. 1011B　　D. 7D
12. 下列数据中的最小数是(　　)。
    A. 34O　　B. 1BH　　C. 11010B　　D. 27

13. 将二进制数 01000111 转换为十进制数是(　　)。

A. 57　　B. 69　　C. 71　　D. 67

14. 将十进制数 100 转换成二进制数是(　　)。

A. 1100100　　B. 1100011　　C. 00000100　　D. 10000000

15. CPU 不能直接访问的存储器是(　　)。

A. ROM　　B. RAM　　C. Cache　　D. 外存储器

16. RAM 又称为(　　)。

A. 数据存储器　　B. 只读存储器

C. 随机访问存储器　　D. 外存储器

17. 通常所说的内存为(　　)。

A. 数据存储器　　B. 只读存储器

C. 随机访问存储器　　D. 外存储器

18. ROM 又称为(　　)。

A. 数据存储器　　B. 只读存储器

C. 随机访问存储器　　D. 外存储器

19. 某计算机的内存容量为 128 MB,这里的 128 MB 是指(　　)。

A. 128× 1 024×1 024 字节

B. 128×1 000×1 000 字节

C. 128×1 024×1 024×8 字节

D. 128×1 000×1 000×8 字节

## 二、判断题

1. 位权是指数码在不同位置上的权值。(　　)
2. 代码“z = 1.2 + 3.4j; print(z.imag)”的输出结果为“3.4”。(　　)
3. 代码“x=6; y = −5 + 2j; print(x+y)”的输出结果是“1+2”。(　　)

## 三、填空题

1. 在计算机内部,一切信息的存取、处理和传送的形式是__________。

2. 将十进制数 200 转换成二进制数是__________。

## 【参考答案】

一、1. C　2. D　3. B　4. D　5. B　6. A　7. A　8. B　9. B　10. C
11. B　12. B　13. C　14. A　15. D　16. C　17. C　18. B　19. A

二、1. √　2. √　3. ×

三、1. 二进制　2. 11001000

# 第2章

# Python 基础开发环境

Python 凭借简洁、明确、开源等特点，已成为计算机领域必须掌握的程序设计语言之一，在 Web 开发、大数据、人工智能等领域都有着广泛的应用。目前，Python 程序设计语言已经被列入我国计算机等级考试二级科目，很多高校都将其作为计算机相关专业的必修课程，甚至引入计算机公共基础课程之中。作为全国计算机等级考试科目之一，Python 相较 C 语言更容易学习，在日常工作中也更容易进行实际应用。

## 知识概述

### 2.1 计算机等级考试(Python)简介

《全国计算机等级考试大纲》围绕“Python 基础语法”和“Python 计算生态”两方面进行修订，考虑到考生主要是程序设计的初学者，因此主要侧重于 Python 的基础语法。大纲主要考查以下几个方面：Python 语言的数据类型（包含基本数据类型与组合数据类型）、程序控制结构、函数和代码复用、文件与数据格式化、计算生态（标准库与第三方库）。另外，二级 Python 语言科目同其他程序设计语言科目一样，也要考查公共基础知识。

计算机二级 Python 科目的考试环境部署在 Windows 7 操作系统下，使用 Python 3.4 或以上版本的 IDLE 开发环境。考试采用上机的方式，总时长 120 分钟，满分 100 分。题型包括单选题、操作题（编程题）。

单选题共40道，每道题1分，共计40分（含公共基础知识部分10分）；编程题共6道，包含 3 道基本编程题、2 道简单应用题和 1 道综合应用题，共计 60 分。

### 2.2 考试环境安装

Python 可以在许多操作系统中安装使用，本书仅介绍 Windows 操作系统中 Python

的安装。这里以 Python 3.× 版本的安装为例。在 Windows 操作系统中安装 Python 需要从 Python 官网下载对应操作系统版本的 Python 安装程序。具体安装步骤如下：

（1）访问 Python 官方网站 http://www.python.org，选择“Downloads”→“Windows”，如图 2-1 所示。

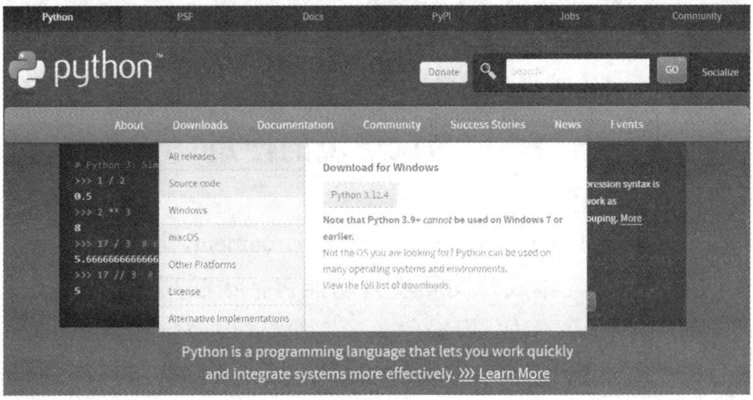


图 2-1　Python 官方下载页面

（2）先查看当前计算机的 Windows 操作系统是 64 位还是 32 位，再选择相应的 Python 版本进行下载，例如选择“Download Windows x86-64 executable installer”选项下载“python3.11.4-amd64”安装包，下载完成后即可进行安装。选择合适的版本可以保证 Python 运行更加稳定。

（3）在图 2-2 所示的安装界面中，先选中“Add python.exe to PATH”复选框，让安装程序自动将 Python 配置到环境变量中，然后选择第一种安装方式“Install Now”，等待安装结束即可。

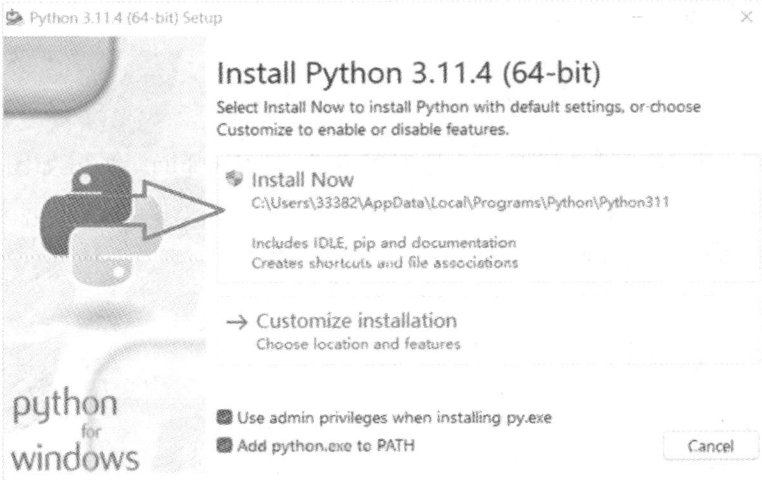


图 2-2　Python 安装界面

（4）按 Windows+R 键打开“运行”对话框，输入“cmd”，进入命令提示符窗口，输入“python”，查看 python 版本，如果出现版本号，则说明安装成功，如图 2-3 所示。

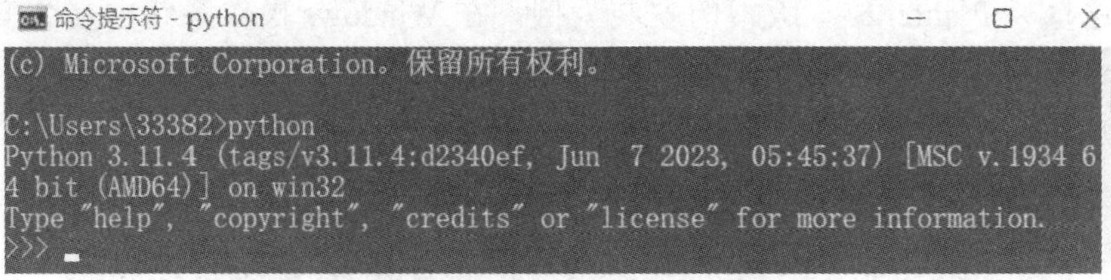


图 2-3　检查 Python 编译器是否安装成功

## 2.3 考试环境的使用

IDLE（Integrated Development and Learning Environment，集成开发和学习环境）是开发 Python 程序的基本 IDE（集成开发环境），功能包括语法高亮（将代码的不同类型的元素用不同的颜色进行显示，例如，用绿色显示字符串，用橙色显示 Python 关键字，用紫色显示内置函数），交互式运行，程序编写和运行，段落缩进（强制执行，能够提高语法的可读性和规范性），基本文本编辑（复制、粘贴、剪切等），Tab 键控制，调试程序，等等。

Python 程序有两种运行模式。一种是交互模式，即每输入一行代码就运行一行的模式；另一种是文件模式，即将所有代码输入并保存之后再一起运行的模式。

运行 IDLE 后，界面如图 2-4 所示，这种界面就是交互式开发界面。交互式开发界面的提示符是“>>>”，出现“>>>”时，说明系统已处于等待输入的状态，此时输入一条代码后按回车键，就能看到这条代码的执行结果。

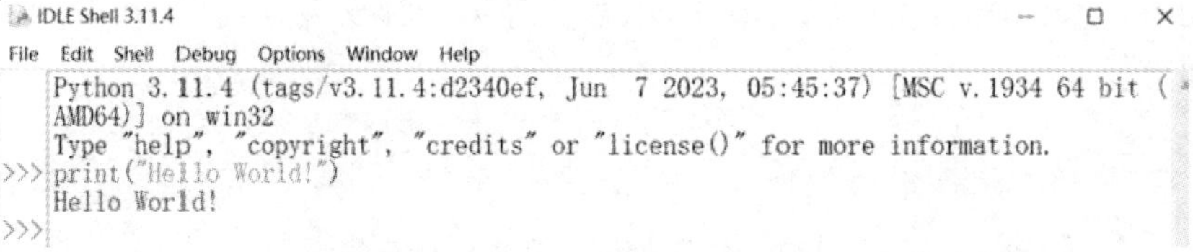


图 2-4　交互式开发界面

按快捷键 Ctrl+N，或者在菜单栏中选择“File”→“New File”命令（如图 2-5 所示），即可进入文本式开发界面。此界面没有命令提示符“>>>”，更像是 Word 的文本编辑区，可以自由地进行编辑。例如，输入两行语句，如图 2-6 所示。

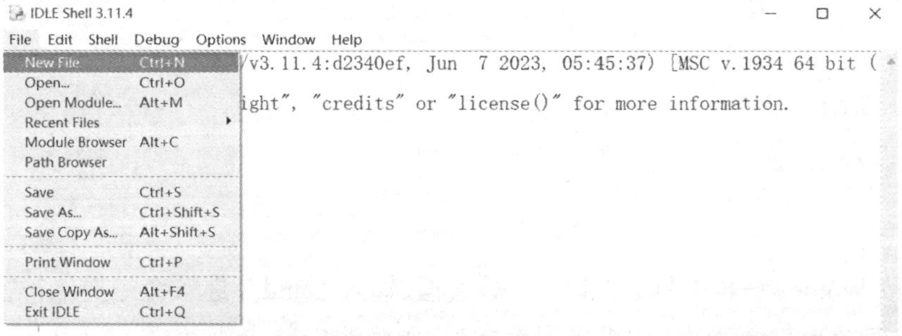


图 2-5　用菜单命令打开文本式开发界面

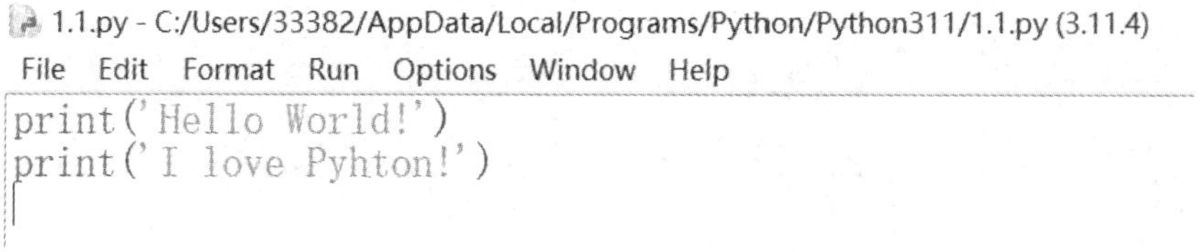


图 2-6　在文本式开发界面中编写 Python 程序

接着按下 F5 键，或在菜单栏中选择“Run”→“Run Module”命令运行上述文件，运行结果如图 2-7 所示。从图 2-6 中可以看出，文本式开发界面不需要命令提示符“>>>”，这是两种开发界面最直观的区别。

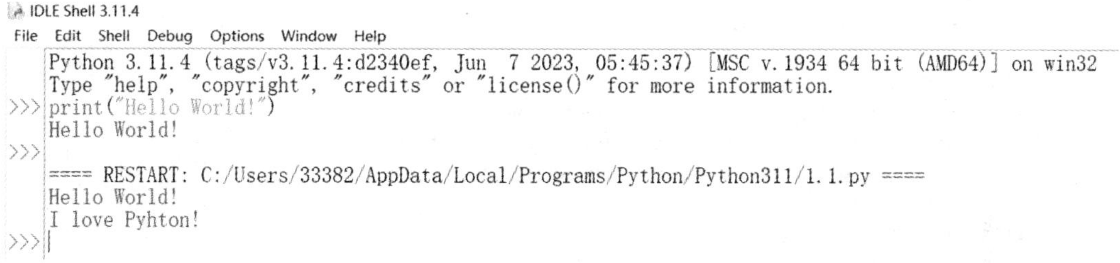


图 2-7　文本式开发界面的运行结果

## 习题解析

1. 运用交互式开发界面输出当前的 Python 版本。

【解析】打开 IDLE 集成开发环境，分别输入如下两行代码。

```
>>> import sys
>>> print(sys.version)
```

输出结果即为当前 Python 版本：

```
3.11.2 (tags/v3.11.2:878ead1, Feb  7 2023, 16:38:35) [MSC v.1934 64 bit (AMD64)]
```

程序运行效果如图 2-8 所示。

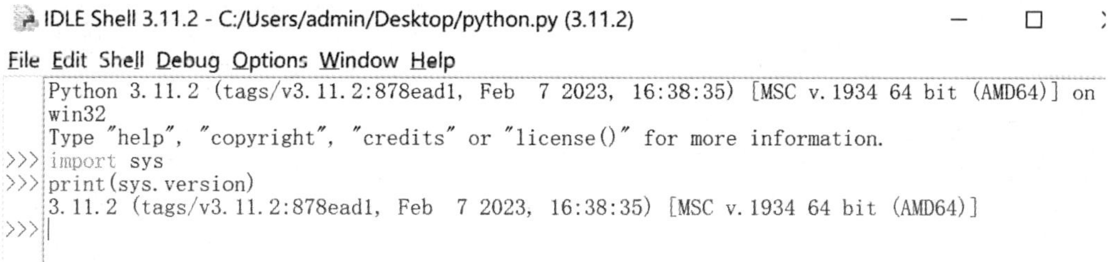


图 2-8　程序运行效果

2. 使用 PyCharm 打印“Python 之禅”。

【解析】新建一个 Python 源文件，输入代码“import　this”并运行，观察控制台的输出结果，如图 2-9 所示。

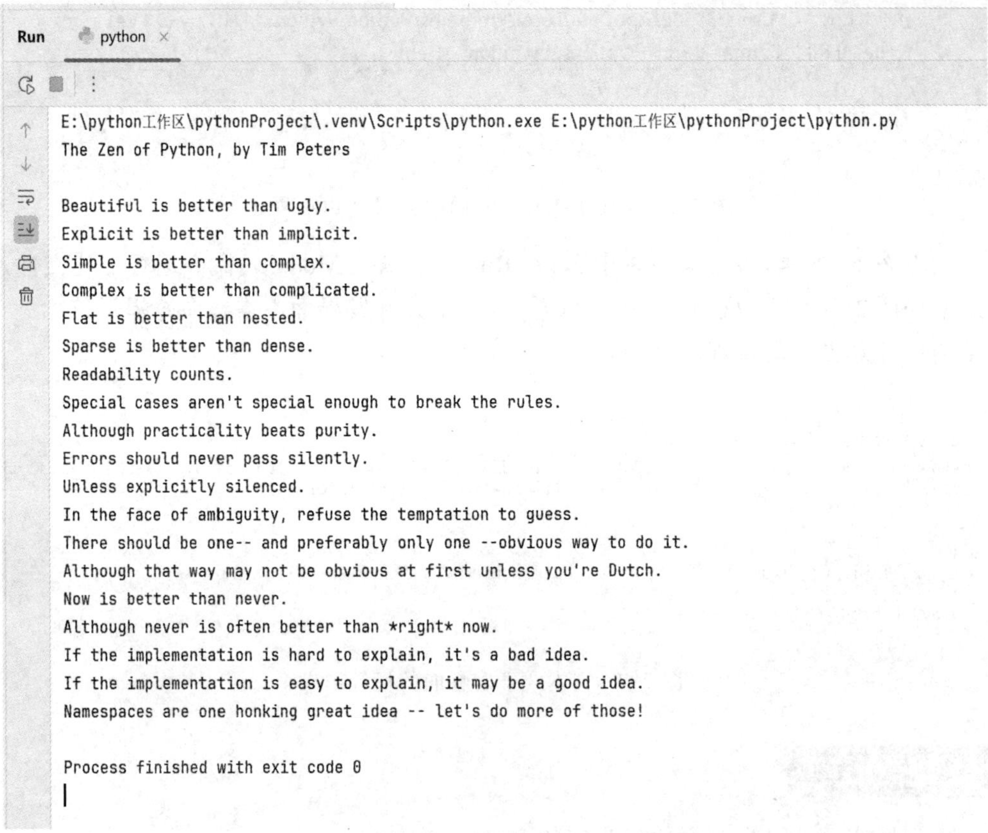


图 2-9　控制台的输出结果

第3章

# Python 基础语法

Python 和其他程序设计语言一样，对程序书写的要求比较严格，程序书写的规范性与程序编译成功与否有直接关联。

为了更好地学习和运用 Python，首先需要掌握 Python 的基本语法，包括变量命名规则与保留字、代码格式、基本数据类型及运算、输入/输出函数的用法，并初步体验分支语句和循环语句。只有掌握基本语法、规范编程格式，程序的质量和效率才能得到保障。

知识概述

## 3.1 基本数据类型

### 3.1.1 数字类型

数字类型是 Python 中用于基础数学运算的数据类型，包括整型(int)、浮点型(float)、复数型(complex)、布尔型(bool)等。每种类型都有特定的性质和用途，介绍如下。

(1) 整型：有十进制、二进制、八进制和十六进制。默认情况下为十进制，后三种分别以“0b”“0o”“0x”开头，用于说明该数字使用的是哪一种进制。例如，二进制数 0b101、八进制数 0o56、十六进制数 0xABC。

(2) 浮点型：又称实型，即小数。浮点型包括十进制实数(如 1.23，6.0)和科学记数法表示的实数(如 3E-2，5e-1)。

(3) 复数型：含实部和虚部，复数的虚数部分用“j”或“J”表示，如 1+2j，1.1+2.2J 等。可以使用“z.real”和“z.imag”两个命令分别获取复数 z 的实部和虚部。

(4) 布尔型：布尔型数据的值是 True 和 False，经常用于做测试和进行条件判断。如果将布尔型数据用于数值运算，则 True 会被当作整数 1，False 会被当作整数 0。

### 3.1.2 字符编码与字符串

字符编码是 Python 中用来将字符转换为字节数据的规则。常见的字符编码有

ASCII 码、Unicode 编码和 UTF-8 编码，其中 ASCII 码是美国标准信息交换码，使用 7 个二进制位来表示 128 种符号，涵盖了大小写英文字母、阿拉伯数字符号、空格与回车换行符等特殊符号，这些符号在计算机领域中被称为“字符”。ASCII 码表见表 3-1。

表 3-1　ASCII 码表

| ASCII 值 | 控制字符 | ASCII 值 | 控制字符 | ASCII 值 | 控制字符 | ASCII 值 | 控制字符 |
|---|---|---|---|---|---|---|---|
| 0 | NUL | 32 | (space) | 64 | @ | 96 | ` |
| 1 | SOH | 33 | ! | 65 | A | 97 | a |
| 2 | STX | 34 | " | 66 | B | 98 | b |
| 3 | ETX | 35 | # | 67 | C | 99 | c |
| 4 | EOT | 36 | $ | 68 | D | 100 | d |
| 5 | ENQ | 37 | % | 69 | E | 101 | e |
| 6 | ACK | 38 | & | 70 | F | 102 | f |
| 7 | BEL | 39 | ' | 71 | G | 103 | g |
| 8 | BS | 40 | ( | 72 | H | 104 | h |
| 9 | HT | 41 | ) | 73 | I | 105 | i |
| 10 | LF | 42 | * | 74 | J | 106 | j |
| 11 | VT | 43 | + | 75 | K | 107 | k |
| 12 | FF | 44 | , | 76 | L | 108 | l |
| 13 | CR | 45 | - | 77 | M | 109 | m |
| 14 | SO | 46 | . | 78 | N | 110 | n |
| 15 | SI | 47 | / | 79 | O | 111 | o |
| 16 | DLE | 48 | 0 | 80 | P | 112 | p |
| 17 | DC1 | 49 | 1 | 81 | Q | 113 | q |
| 18 | DC2 | 50 | 2 | 82 | R | 114 | r |
| 19 | DC3 | 51 | 3 | 83 | X | 115 | s |
| 20 | DC4 | 52 | 4 | 84 | T | 116 | t |
| 21 | NAK | 53 | 5 | 85 | U | 117 | u |
| 22 | SYN | 54 | 6 | 86 | V | 118 | v |
| 23 | TB | 55 | 7 | 87 | W | 119 | w |
| 24 | CAN | 56 | 8 | 88 | X | 120 | x |
| 25 | EM | 57 | 9 | 89 | Y | 121 | y |
| 26 | SUB | 58 | : | 90 | Z | 122 | z |
| 27 | ESC | 59 | ; | 91 | [ | 123 | { |
| 28 | FS | 60 | < | 92 | \ | 124 | \| |
| 29 | GS | 61 | = | 93 | ] | 125 | } |
| 30 | RS | 62 | > | 94 | ^ | 126 | ~ |
| 31 | US | 63 | ? | 95 | — | 127 | DEL |

在 Python 中，被引号引起来的若干数字或字母符号被称为字符串(str)，单个字符可以视为长度为 1 的字符串。由于部分特殊字符(如回车换行符、制表符等)无法直接使用某一符号表示，因此 Python 中提供了转义字符“\”，用于特殊字符的表示。例如“\n”表示换行，“\t”表示制表符(1 个制表符代表 4 个输出位)，等等。

## 3.2 变量与保留字

### 3.2.1 变量与变量名

计算机处理数据时，需要把数据存储在内存中。Python 给这些数据对应的内存空间进行了命名，称为变量，之后通过变量的名字对相应的数据进行计算。Python 是一种动态语言，变量在使用前不需要声明数据类型，Python 的变量类型取决于其存储的数据类型。

变量名不能随便取，变量的命名应遵循如下规则：

(1) 变量名必须以字母(在 3.× 版本中允许使用汉字)或下划线开头。

(2) 变量名中不能有空格或标点符号，仅包含字母、数字、下划线。

(3) 不能将保留字(也称为关键字)作为变量名，如 if, else, for, return 这样的变量名都是非法的。

(4) 变量名对英文字母的大小写敏感，如 student 和 Student 是不同的变量。

(5) 不建议将系统内置的模块名、类型名或函数名以及已导入的模块名及其成员名作为变量名，如 id, max, len, list 这样的变量名都是不建议使用的，会改变其原有含义。

### 3.2.2 保留字

Python 语言使用类似于自然语言的表达方式来描述事件或编写代码。在日常生活中，我们会使用一些特定的衔接词和语法规则，例如“如果……那么……”“当……”等，按照事件的发展顺序或逻辑关系进行表述。与自然语言类似，Python 语言也有一套特定的词语和语法规则，用于构成语句和代码段落。这些词语被称为保留字，它们具有特定的 Python 语法含义，用于构建程序的整体框架，表达关键值和基本语义等。

Python 的保留字在程序中具有特殊的作用，用于构建代码逻辑和实现不同的功能。这些保留字具有特定的语法含义，因此不能将它们作为变量名来定义。

Python 的标准库提供了一个名为“keyword”的模块，可以通过如下代码查看当前版本的所有保留字：

```
>>> import keyword
>>> keyword.kwlist
['False', 'None', 'True', 'and', 'as', 'assert', 'break', 'class', 'continue', 'def', 'del', 'elif', 'else',
```

```
'except', 'finally', 'for', 'from', 'global', 'if', 'import', 'in', 'is', 'lambda', 'nonlocal', 'not', 'or', 'pass',
'raise', 'return', 'try', 'while', 'with', 'yield']
```

## 3.3 数据类型的转换与运算

### 3.3.1 数据类型转换

将整数转换为浮点数可以使用内置函数 float(),将浮点数转换为整数可以使用内置函数 int()。

将数字转换为字符串可以使用内置函数 str()。

若字符串中仅包含数字,则可以通过 int(),float() 函数将其转换为数字类型。若字符串为数学表达式,可以使用 eval() 函数直接进行求值。

变量的这种数据类型的可变性使得 Python 非常灵活,可以在不同的上下文中使用同一个变量存储不同类型的数据。但同时也需要注意,变量的类型变化可能会导致程序错误或不符合预期的行为,因此在使用变量时需要谨慎处理。数据类型转换相关函数见表 3-2。

表 3-2 数据类型转换相关函数

| 函数名称 | 示例 | 说明 |
|---|---|---|
| int() | int(1.25), int("12") | 将指定数据转换为整型 |
| float() | float(1), float("12.4") | 将指定数据转换为实型 |
| str() | str(12.4), str(1) | 将指定数据转换为字符串型 |
| eval() | eval("12"), eval("1+0.25") | 对字符串表达式求值 |
| type() | type(1.25), type("12") | 判断指定数据或变量的数据类型 |

### 3.3.2 基本数据类型运算

Python 中基本数据类型的运算主要有赋值运算、算术运算(加、减、乘、除等)、关系运算(大小关系比较)、逻辑运算、取地址运算、身份运算等。

(1) 赋值运算。

在 Python 中,可以使用赋值语句来创建变量并使其引用一个数据。赋值运算是指将值分配给变量的运算。单个等号“=”即简单赋值运算符,作用是给变量进行赋值,它将赋值号右侧的值赋给左侧的变量。

(2) 算术运算。

算术运算是指基本的数学运算。Python 支持一些常见的算术运算,包括加法、减法、乘法、除法、取模(取余)、幂和整除。常见的算术运算符见表 3-3。

表 3-3 Python 常见算术运算符

| 运算符 | 含义 |
|---|---|
| + | 用于两个数值相加，或连接两个字符串 |
| - | 用于两个数值相减 |
| * | 用于两个数值相乘，或字符串重复 *N* 遍 |
| / | 用于两个数值相除，结果为浮点数 |
| % | 计算两个数相除后的余数 |
| ** | 用于计算一个数的 *N* 次幂 |
| // | 用于计算两个数值相除后的整数商（取整） |
| () | 用于控制某表达式运算的优先级 |

（3）复合赋值运算。

除括号运算符外，其余算术运算符可与赋值运算符组合使用，形成复合赋值运算。例如，“x += n”等价于“x = x + n”，即将“x + n”的值重新赋回给变量 x。

（4）比较运算。

比较运算主要是比较运算符左右两边数值的大小关系，比较结果为布尔类型。Python 中的比较运算符有 6 种：大于（>）、小于（<）、等于（==）、大于或等于（>=）、小于或等于（<=）、不等于（!=）。例如，“5>3”的结果为真（True）。

（5）逻辑运算。

逻辑运算是指用逻辑运算符连接两个或两个以上的关系表达式，其结果用于表示某个命题的真（成立）或假（不成立）。例如，5 大于 3 且 2 也大于 3，使用逻辑表达式可以写作“5>3 and 2>3”，这个命题显然是不成立的。

在 Python 中，逻辑运算符有 4 种，分别为：and（与）、or（或）、not（非）、xor（异或）。逻辑运算真值表见表 3-4。

表 3-4 逻辑运算真值表

| x | y | x and y | x or y | not x | x xor y |
|---|---|---|---|---|---|
| T | T | T | T | F | F |
| T | F | F | T | F | T |
| F | T | F | T | T | T |
| F | F | F | F | T | F |

（6）取地址运算。

Python 变量引用的是内存中的内存块，因此变量的地址取决于其引用的内存块的地址。当变量指向的内存块发生变化或者给变量分配新的数据时，变量的地址也会相应发生变化。

Python 提供了取地址运算函数 id() 来输出变量的内存地址，当两个变量指向相同的值时，两个变量的地址相同，因为它们所引用的值在内存中的地址相同。

（7）身份运算。

身份运算是指比较两个对象的身份是否相等（即对象的内存地址是否相同）的运算。身份运算符包括“is”和“is not”两种。“is”用于检查两个变量是否引用了同一个对象（地址相同）。“is not”用于检查两个变量是否引用了不同的对象（地址不同）。

注意：身份运算符判断的是对象身份的相等性，而不是值的相等性。要判断两个变量的值是否相等，需要使用比较运算符（如“==”和“!=”）。

取地址运算和身份运算可用于检查对象引用的情况，特别是在处理可变对象或函数参数时，有利于正确理解对象的传递和更好地理解 Python 的内存管理机制。

## 3.4 输入与输出函数

### 3.4.1 输入函数 input()

输入和输出是用户与计算机交互的基本操作。input() 函数用于获取终端用户的输入。用户输入的数据需要一个容器来存储，以便程序进行访问和处理，这个容器就是变量。因此，使用 input() 函数时，一般与赋值运算符进行联合使用，将获取到的输入保存到指定的变量中。

input() 函数获取的数据为字符串类型，在输入的数据需要参与算术运算时，往往需要结合数据类型转换函数或表达式求值函数进行使用。

### 3.4.2 输出函数 print()

在 Python 中，print() 函数用于将文本或其他值输出到控制台上，可以接收一个或多个参数并打印。它是用于在控制台或终端显示信息的常用函数。

print() 函数支持 3 种格式化输出方法。

（1）格式说明符。

Python 中的格式说明与 C 语言一致，使用“%”加特定字符进行数据类型的说明，如“print("%d, %f" % (a, b))”，表示输出变量 a 和 b 的值，其中变量 a 为整型，变量 b 为浮点型。

（2）format 方法。

format 方法主要以占位符的方式按顺序输出各变量的值。

例如，“print("{0} {1}".format("hello", "world"))”，输出结果为“hello world”。

（3）f-string 方法。

f-string 方法是 Python 3. 6 及以上版本引入的一种字符串格式化语法。它使用了以“f”开头的字符串前缀，并在花括号内插入表达式或变量进行格式化输出。例如，“print(f"The sum of {x} and {y} is {x + y}.")”在输出时会自动将变量 x 和 y 的值以及“x+y”表达式的计算结果替换到输出字符串中。

# 3.5 代码书写格式规范

## 3.5.1 变量命名规范

使用规范的命名方式是编写清晰、易读和易维护代码的重要方面。下面介绍几种常用的变量命名法。

（1）驼峰命名法。

首个单词小写，后续单词首字母大写。该命名方式常用于变量的命名，如“firstName”“lastName”。

（2）帕斯卡命名法。

帕斯卡命名法也称为大驼峰命名法，每个单词的首字母都大写，包括第一个单词。该方法常用于类和函数等的命名，如“CalculateArea()”。

（3）下划线命名法。

所有字母小写，单词之间用下划线分隔。该方法常用于变量、函数和模块等的命名，C 或 C++ 语言的内置函数大多以该方法命名。

## 3.5.2 代码块缩进

在 Python 中，代码块是一组逻辑上相关的语句，它们在结构上形成一个代码块（也称为代码段或代码片段）。代码块用于在控制流程、条件语句和循环等情况下，指定需要一起执行的语句。

在 Python 中，代码块通过缩进来表示，而不是使用花括号或关键字。缩进是指在每一行代码前面添加空格或制表符，以指示代码块的开始和结束。通常使用键盘上的 Tab 键进行缩进，相当于 4 个空格的长度。Python 使用统一的缩进风格来表示代码块，这也是 Python 代码具有良好的可读性和一致性的重要原因。

Python 代码块的缩进规则如下：

（1）缩进必须使用空格或制表符，在同一个代码块中要保持一致。

（2）建议使用四个空格作为缩进的标准，这也是 Python 官方推荐的风格。

（3）缩进使用的空格或制表符的数量没有具体限制，只要在同一代码块中保持一致即可。

（4）子代码块通常使用比其父代码块更多的缩进。

（5）代码块在冒号后的下一行开始，并且在代码块末尾返回到相同的缩进级别。

（6）代码块的结束由缩进级别的减小表示。

代码块的缩进对于代码的执行和逻辑的正确性至关重要，缩进错误可能会导致语法错误或意外行为。所以，在编写 Python 代码时，一定要仔细处理代码块的缩进，保持良好的代码风格和可读性。

### 3.5.3 注释

在 Python 中，注释是用于解释代码目的和功能的文本，不会被解释器执行。注释可以提高代码的可读性，并帮助其他人理解代码的意图。Python 支持两种类型的注释：单行注释和多行注释。

单行注释以井号(#)开始，直到行的末尾。单行注释通常用于解释单个语句、表达式或行的用途。

多行注释使用三引号(''' 或 """)括起来。可以在多行注释中编写多行文本，通常用于注释函数、类或较大的代码块。

注释应该是简洁、准确和易于理解的，以增强代码的可读性和可维护性。在编写注释时，可以提供适当的上下文、解释特殊处理、记录算法复杂度或引用相关的文档等，帮助他人更好地理解代码。

良好的注释习惯可以帮助团队成员更好地理解代码，提高代码的可读性和可维护性。但需要注意，过多或不必要的注释可能会增加代码量并降低代码的简洁度，因此需要权衡注释的数量和详细程度。

### 3.5.4 代码换行

代码换行是指将一行代码分成多行以提高可读性和减少行长度。Python 提供了以下几种方式来实现代码的换行。

(1) 显式行连接(explicit line continuation)：使用反斜杠(\)作为显式行连接符，将一行代码延续到下一行。显式行连接符必须位于代码行的末尾，反斜杠后面不能有其他字符，包括空格。

(2) 隐式行连接(implicit line continuation)：在括号(圆括号、方括号、花括号)中的表达式可以跨多行编写，而无须使用显式行连接符，Python 会自动将括号中的多行代码视为同一行。

(3) 在多行字符串中换行：在多行字符串或长表达式中，可以使用三引号(''' 或 """)实现代码换行，而无须使用显式或隐式行连接符。

注意：虽然 Python 允许代码换行，但需要小心处理换行位置处的逗号、操作符和缩进等，以确保代码语法的正确性。

代码换行可用于提高可读性以及遵循代码行长度的约定。将一行代码分成多行时，可以更清晰地表达复杂的逻辑，避免代码行过长并使代码更易于理解和维护。

## 习题解析

1. Python 解释器执行“" 金额：￥%f 元 " % 2.5000”的结果为(　　)。

A. 金额：￥2.5 元　　　　B. 金额：￥2.500 元

C. 金额：￥2.500000 元　　　　D. 金额：￥2.50000 元

【解析】“%f”为浮点型数据的格式说明符，单精度类型保留小数点后 6 位，因此输出为“金额：￥2.500000 元”。故答案为 C。

2. Python 3 解释器执行“not 1 and 1”的结果为(　　)。

A. True　　B. False　　C. 0　　D. 1

【解析】“not”“and”均为 Python 中的逻辑运算符，上式运算结果为“假”，在 Python 中以“False”输出。故答案为 B。

3. 在 Python 中，字符串 s='abc'，那么执行表达式 s+'d' 之后，s 的打印结果是(　　)。

A. 'abc'　　B. 'abcd'　　C. 'abc+d'　　D. 报错

【解析】在 Python 中，字符或字符串使用“+”进行连接。故答案为 B。

4. 编写一个程序，从控制台读取摄氏温度后，将它转变为华氏温度并予以显示。转换公式如下：

$$fahrenheit = (9/5) \times celsius + 32$$

【解析】

```
celsius = float(input(" 请输入温度："))
fahrenheit = (9/5.0)*celsius + 32
print(" 转换后的温度为：%f" % fahrenheit)
```

5. 编写一个程序，读取圆柱体的半径和高，并利用下面的公式计算圆柱体的底面积和体积。

$$area = radius \times radius \times 3.14$$

$$volume = area \times length$$

【解析】

```
radius = float(input(" 请输入圆柱体的半径："))
length = float(input(" 请输入圆柱体的高："))
pi = 3.1415926
area = radius * radius * pi
volume = area * length
print("The area is %f" % area)
print("The volume is %f" % volume)
```

6. 使用下面的公式编写一个读取投资额、年利率和年数然后显示未来投资额的程序。

$$未来投资额 = 投资额 \times (1+年利率/12)\^{}(年数 \times 12)$$

例如：输入投资额 "1 000"，年利率为 4.25%，那么未来投资总额就是 1 004.25。

【解析】

```
tz = float(input(' 请输入投资额：'))
lv = float(input(' 请输入年利率：'))
year = float(input(' 请输入年数：'))
```

```
wl = tz * (1+lv/12) ** (year*12)
print(" 未来投资额为:%f" % wl)
```

## 扩展练习

### 一、单选题

1. 下列选项中,不符合 Python 语言变量命名规则的是(　　)。

A. str　　B. a　　C. 2_a　　D. _2a

2. 给出代码“Str ="Hello Python"”,可以输出 "Python" 子串的是(　　)。

A. print(Str[-6:])　　B. print(Str[-6:-1])

C. print(Str[-6:0])　　D. print(Str[-5:-1])

3. 代码“print(0==False)”的输出结果是(　　)。

A. True　　B. False　　C. 0　　D. 1

4. 下列选项中,符合 Python 语言变量命名规则的是(　　)。

A. 学生1　　B. &i　　C. 2_a　　D. a b

5. 下列选项中,不符合 Python 语言变量命名规则的是(　　)。

A. ls2　　B. a pp　　C. a_pp　　D. _aaa

6. 以下选项中,不属于 Python 保留字的是(　　)。

A. True　　B. FALSE　　C. in　　D. if

7. 以下选项中,不属于 Python 保留字的是(　　)。

A. def　　B. import　　C. true　　D. try

8. 代码如下:

```
a = input(" 请输入一个正整数:")
b = a ** 2
print(b)
```

从键盘输入“5”后,代码的输出结果是(　　)。

A. 5

B. 10

C. 25

D. TypeError: unsupported operand type(s) for ** or pow(): 'str' and 'int'

9. 关于 eval() 函数,以下选项中描述错误的是(　　)。

A. eval() 函数的定义为:eval(source, globals=None, Locals=None, /)

B. eval() 函数可以将具有多层引号的字符串的最外层引号去掉

C. 如果用户希望从键盘获取一个数字,并用程序对这个数字进行计算,可以采用“eval(input(<输入提示字符串>))”语句

D. 执行“eval("Hello")”和执行“eval('"Hello"')”得到的结果相同

10. 代码如下：

```
p1 = "张三"
p2 = "李四"
t = 11.56
print("{2} 比 {1} 跑得快，用时 {0:.1f}s。".format(t, p1, p2))
```

输出结果是(　　)。

A. IndexError: tuple index out of range

B. 张三比李四跑得快，用时 11.6 s。

C. 李四比张三跑得快，用时 11.6 s。

D. {2} 比 {1} 跑得快，用时 {0:.1f}s。

11. 代码如下：

```
a = 3000000
b = "-"
print("{0:{2}^{1},}\n{0:{2}>{1},}\n{0:{2}<{1},}".format(a, 30, b))
```

输出结果是(　　)。

A. ----------3,000,000-----------
   ---------------------3,000,000
   3,000,000---------------------

B. 3,000,000---------------------
   ---------------------3,000,000
   ----------3,000,000-----------

C. ---------------------3,000,000
   3,000,000---------------------
   ----------3,000,000-----------

D. ---------------------3,000,000
   ----------3,000,000-----------
   3,000,000---------------------

12. 代码如下：

```
a = input()
b = input()
print(a*b)
```

从键盘输入 "Hello" 和 "3" 后，程序的执行结果为(　　)。

A. Hello3　　B. Hello*3

C. Hello Hello Hello　　D. 出错

13. 关于 Python 基本输入输出函数，描述错误的是(　　)。

A. eval() 函数也称为评估函数，可以去掉字符串最外侧的引号

B. input() 函数用于从键盘输入数据

C. 以下代码输出为“13”：

```
a = eval("6+7")
print(a)
```

D. import() 函数从控制台获得用户的输入，可以按照多种数据类型输出，例如浮点型、字符型、列表型等

14. 关于 Python 代码的缩进，错误的是(　　)。

A. 缩进不是强制的，只是为了提高程序的可读性

B. Python 对缩进的空格数没有严格的要求

C. 分支、循环、函数等语法形式能通过缩进包含多条代码

D. Python 代码的缩进对程序的格式框架起了关键作用，是必须的

15. 关于 Python 基本语法中的缩进，以下说法中正确的是(　　)。

A. 缩进不是强制的，仅为了提高程序的可读性

B. 缩进要求统一使用 4 个空格

C. 缩进可以体现代码之间的从属关系，常与冒号搭配使用

D. 相同层次的代码行，缩进的长度不做统一要求

16. 关于 Python 程序格式框架，以下选项中描述错误的是(　　)。

A. Python 语言中缩进与程序的格式框架无关

B. Python 语言对缩进的空格数没有严格的要求

C. Python 单层缩进代码属于前面最邻近的一行非缩进代码

D. 分支、循环、函数等语法形式能够通过缩进包含多条 Python 代码

17. 执行如下代码：

```
import turtle
def drawLine(draw):
    turtle.pendown() if draw else turtle.penup()
    turtle.fd(50)
    turtle.right(90)
drawLine(True)
drawLine(True)
drawLine(True)
drawLine(True)
```

以下选项中描述错误的是(　　)。

A. 运行代码，在 Python Turtle Graphics 中，绘制一个边长为 50 的正方形

B. 参数 draw 用于控制画笔起落

C. 代码“drawLine(True)”中的“True”可替换为任意非0整数，代码运行结果不变

D. 将代码“drawLine(True)”中的“True”替换为“0”，代码运行结果不变

18. 执行如下代码：

```
import turtle as t
for i in range(1, 7)
    t.fd(100)
    t.left(60)
```

在 Python Turtle Graphics 中，绘制的是（　　）。

A. 正方形　　B. 等边三角形

C. 六边形　　D. 七边形

19. 执行如下代码：

```
import turtle as t
for i in range(1, 4)
    t.fd(100)
    t.left(120)
```

在 Python Turtle Graphics 中，绘制的是（　　）。

A. 正方形　　B. 等边三角形

C. 六边形　　D. 七边形

20. 字符串“Hi, Andy”中，字符“A”对应的下标序号为（　　）。

A. 1　　B. 2　　C. 3　　D. 4

21. 代码如下：

```
a = "6+7j"
print(eval(a[:3]))
```

执行结果是（　　）。

A. 13　　B. 10.99+0j　　C. 10.99　　D. 0.99

22. 代码如下：

```
x = 10
print(eval('x+10'))
```

输出结果是（　　）

A. 系统报错　　B. 20

C. 10+10　　D. TypeError: must be str, not int

二、判断题

1. 代码“x = 6; y = −5 + 2j; print(x+y)”的输出结果是“1+2”。（　　）

2. 使用下标序号可以访问字符串中的每一个字符。（　　）

3. Python 中字符串的下标序号是从 1 开始的。（　　）

4. astr[-1] 可以表示字符串 astr 中的最后一个字符。 ( )

5. while 语句是循环条件符合的情况下才能执行循环。 ( )

6. for 语句可以在确定循环次数的情况下遍历结构中的元素。 ( )

三、填空题

1. 代码“astr = 'Hello World'; astr[(len(astr)-5):]”的运行结果为______。

2. 字符串变量“arg = '* 泰山学院 *' ”，其中字符“山”可以用______表示。

【参考答案】

一、1. C 2. A 3. A 4. A 5. B 6. B 7. C 8. D 9. D 10. C
11. A 12. D 13. D 14. A 15. C 16. A 17. D 18. C 19. B 20. C
21. A 22. B

二、1. × 2. √ 3. × 4. √ 5. √ 6. √

三、1. World 2. arg[2] 或 arg[-4]

# 第4章

# 程序结构

程序可以看作算法和数据结构的集合。算法是由有限步骤组成的用来解决问题的具体过程。为了更好地描述算法，常常需要用程序流程图辅助程序设计。

程序流程图通常用一系列图形、流向线和文字说明描述程序的基本操作和控制流程，它是程序分析和过程描述的基本方式。在实际的程序设计过程中，计算机还需要借助顺序结构、选择结构和循环结构等基本结构组织程序。

## 知识概述

## 4.1 顺序结构

顺序结构，顾名思义，就是按照先后顺序执行语句。计算机在执行这种结构的程序时，从第一条语句开始，按从上到下的顺序依次执行程序中的每一条语句。顺序结构是程序设计的基础，整个程序是按顺序结构构建的。即使是选择结构和循环结构，其内部也是以顺序结构为基础的。

顺序结构是程序流程中最简单也是最基础的流程结构，其流程图如图 4-1 所示。

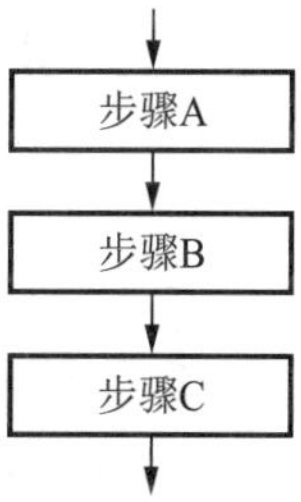


图 4-1　顺序结构流程图

## 4.2 选择结构

### 4.2.1　单分支结构

单分支结构使用“if”关键字，通常用于当满足指定条件时执行某一行或多行命令语句的情况。if 语句中条件表达式的冒号是不可缺少的，表示一个语句块的开始，并且语句块必须做相应的缩进，一般是以 4 个空格为缩进单位。

注意：语句块也称为语句体，包含一行或多行语句，这些语句会比所属的 if 语句多缩进一个单位。当判断条件为真时，会执行语句块；当判断条件为假时，不做任何操作，绕过 if 结构，执行 if 结构之后的语句。

单分支结构的执行结果如何，其条件表达式的设置起决定性作用。布尔值 True 或 False 显然可以作为 if 语句的条件表达式，那么一切以 True 或 False 为结果的表达式也可以用作 if 语句的条件表达式，所以比较运算符（==, !=, >, >=, <, <=），逻辑运算符（and, or, not），身份运算符（is, is not）和成员运算符（in, not in）都可以用来构建条件表达式。这些运算符也可以混合使用，这时要注意运算符的优先级。单分支结构的流程图如图 4-2 所示。

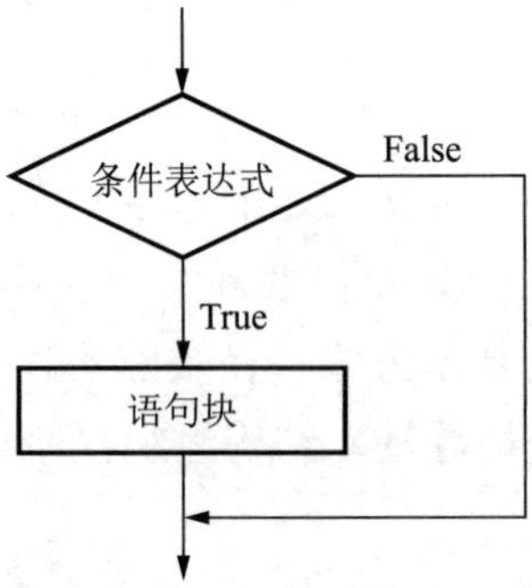


图 4-2　单分支结构流程图

### 4.2.2　双分支结构

双分支结构是编程中最常用的分支结构，一般用于解决二选一的问题，其流程图如图 4-3 所示。

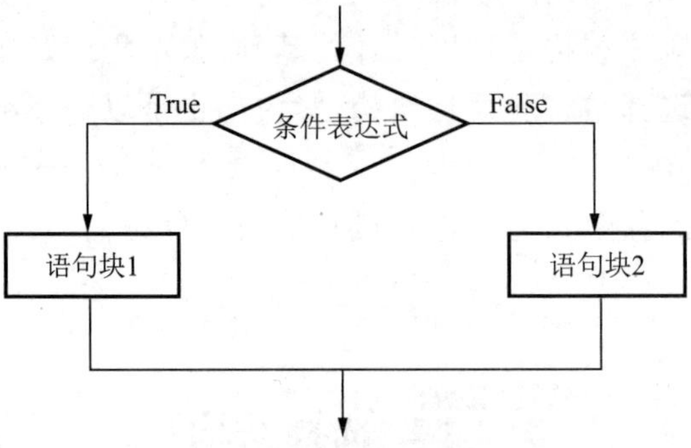


图 4-3　双分支结构流程图

当 if 语句中的逻辑表达式值为真时，执行冒号后面的代码段，若值为假，则执行 else 后的代码段。

对于有两种潜在结论的问题，双分支结构更适合，设计出来的程序也更合理。而单分支结构则适用于有单一诉求的问题，比如“当烟雾浓度大于阈值时，自动喷水灭火系统开始喷水”。

另外，Python 还提供了三元运算符，其执行过程与双分支结构相同，并且在三元运算符构成的表达式中还可以嵌套三元运算符，例如“print(6 if a > 3 else (5 if b > 0 else -5))”。

### 4.2.3 多分支结构

当程序执行的路线多于 3 条时，需要使用多分支结构进行流程控制。多分支结构的流程图如图 4-4 所示。

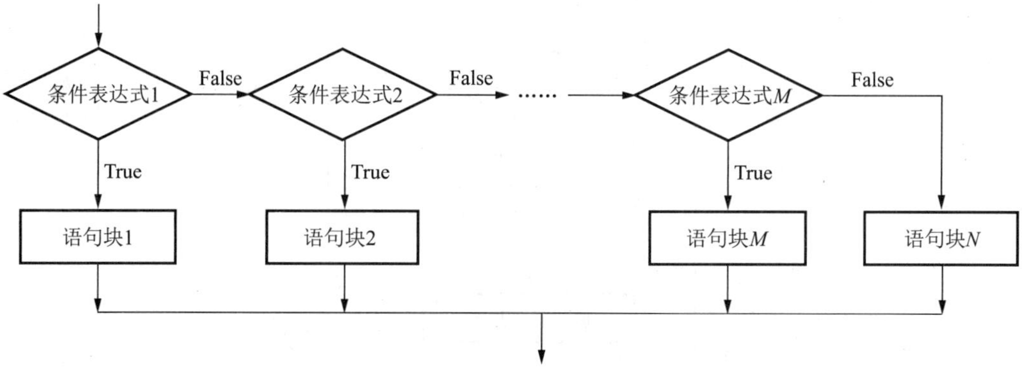


图 4-4 多分支结构流程图

在 if-elif-else 语法中，最后的 else 语句可以没有或者最多只有一个。多分支结构的执行步骤如下：

（1）对条件表达式 1 的值进行判断。

（2）如果条件表达式 1 的值为 True，则执行语句块 1；否则，判断条件表达式 2 的值。

（3）如果条件表达式 2 的值为 True，则执行语句块 2。以此类推。

（4）如果没有任何 elif 后的条件表达式值为 True 时，则执行 else 语句或结束。

### 4.2.4 分支结构的嵌套

在程序开发过程中，有些问题的条件判断比较复杂，比如某儿童合唱团要纳新，需要筛选性别、年龄、身体素质、音色等条件。这时候如果用单一的 if 语句，则条件表达式过于复杂。为了解决这个问题，可以使用嵌套的 if 语句进行编程。

当有多个条件需要满足并且条件之间有递进关系时，可以使用分支结构的嵌套。其中，if 子句、elif 子句以及 else 子句中都可以嵌套 if, if-else 或者 if-elif-else 语句。

## 4.3 循环结构

### 4.3.1 while 循环

while 循环语句又称条件循环语句，主要由以下三部分组成：

（1）变量初始化：设置循环的初始状态。

（2）循环条件：判断是否继续循环。

（3）循环体：重复执行的代码块。

while 循环一般用于仅知道循环结束条件而不知道具体循环次数的情况，其流程图如图 4-5 所示。

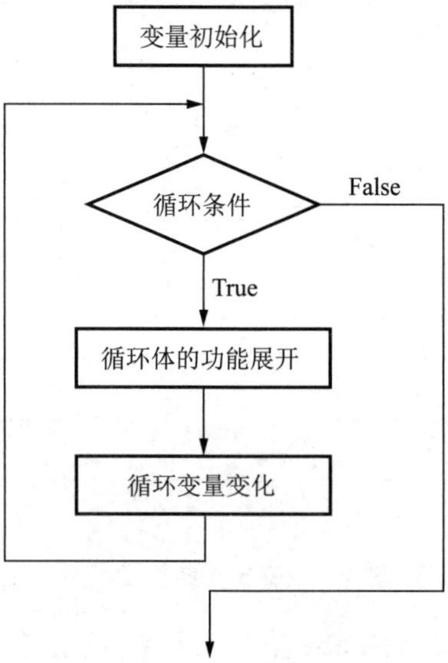


图 4-5　while 循环语句流程图

在进行循环程序设计时，务必保证相关变量完成了初始化，且循环变量在循环体执行过程中趋向于循环结束。

### 4.3.2　for 循环

for 循环语句又称遍历循环语句，通过从遍历结构中逐个取值完成重复性工作。遍历结构可以是字符串、元组、列表、集合、字典、zip() 函数、range() 函数等。

循环变量是从遍历结构中取值的，因此 for 语句不需要对循环变量进行初始化，循环变量从遍历结构中取的第一个值就是其初始值。又因为循环变量是从遍历结构中自动逐个取值，所以不需要程序开发人员书写变量变化语句。因此，对于固定次数的循环问题，for 语句的语法更加简洁。

for 语句使用示例为“for i in range(1,100):”，表示循环变量 i 循环遍历数字 1 ～ 99。

range() 函数是 Python 开发中常用的一个内置函数，有 range(stop)，range(start, stop) 和 range(start, stop, step) 三种用法。该函数返回 range 对象，包含了左闭右开区间 [start, stop) 内以 step 为等差步长的整数，其中参数 start 默认为 0，step 默认为 1。

### 4.3.3　循环控制语句

break 语句和 continue 语句这两种循环控制语句在 while 循环语句和 for 循环语句中都可以使用，并且一般与选择结构或异常处理结构结合使用。一旦 break 语句被执行，

break 语句所属层次的循环将提前结束。continue 语句的作用是提前结束本次循环，忽略 continue 之后的所有语句，提前进入下一次循环。这两种语句的原理如下：

（1）break 语句：中止当前层循环语句，即不再执行循环体内的后续语句，并且不再验证循环条件，直接跳出当前层循环语句。

（2）continue 语句：中止当前循环语句中的本次循环，即不再执行循环体内的后续语句，而是提前进行下一次循环的条件验证与循环体执行。

以 for 语句为例，循环控制语句的流程图如图 4-6 所示。如果 break 语句或 continue 语句没有被执行，则按照实线正常循环；如果 break 语句或 continue 语句被执行，则按照虚线执行。

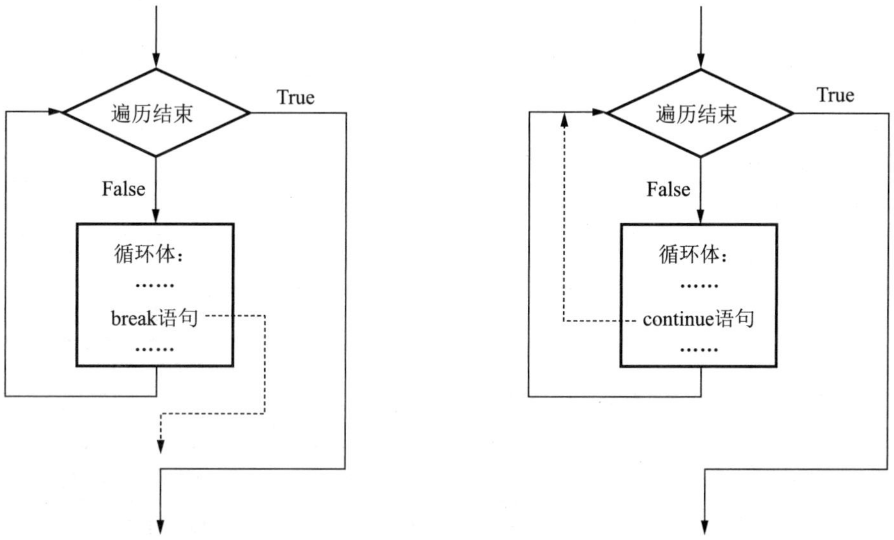


图 4-6　循环控制语句流程图

### 4.3.4　循环嵌套

如果一个循环结构的循环体内又包含一个循环结构，就称为循环嵌套。常用的循环嵌套是双层循环，循环的总次数等于内外层循环次数之积。嵌套层数根据需要可以有多层。

循环嵌套执行时，先由外层循环进入内层循环，并在内层循环终止后接着执行外层循环，再由外层循环进入内层循环，以此类推，直至循环结束。

### 4.3.5　扩展循环

Python 为循环语句提供了两种扩展用法，即 while-else 结构与 for-else 结构。当满足循环条件时执行循环体，当循环条件不再满足时，执行 else 后面的代码块，执行完成后退出循环。

如循环因 break 语句而提前结束，则不会执行 else 语句，直接退出整个循环。因此，可以利用 else 分支中的语句是否被执行来判断循环是不是正常退出的。

## 4.4 异常处理

Python 中的 try-except 语句用于进行异常的捕获处理，把可能出现异常的代码放入语句块中，并使用 except 语句块处理异常。常见的异常类型见表 4-1。

表 4-1 常见异常类型

| 异常类型 | 描述说明 |
|---|---|
| AttributeError | 试图访问对象没有的属性，比如对象 f 没有属性 x，却试图执行 f.x |
| IOError | 输入/输出异常，比如无法打开某文件 |
| ImportError | 无法引入模块或包，比如路径问题或名称错误 |
| IndentationError | 语法错误(的子类)，比如代码没有正确对齐 |
| IndexError | 下标索引超出序列边界，比如列表 x 只有 3 个元素，却试图访问 x[5] |
| KeyError | 试图访问字典里不存在的键 |
| KeyboardInterrupt | Ctrl+C 键被按下而强制结束程序 |
| NameError | 使用了一个还未被定义的变量 |
| SyntaxError | 语法错误，代码不能编译 |
| TypeError | 类型错误，传入对象的类型与要求的不符合 |
| UnboundLocalError | 试图访问一个未设置的局部变量，一般是由于存在一个同名的全局变量 |
| ValueError | 传入一个调用者不期望的值，即使值的类型是正确的 |
| ZeroDivisionError | 除(或取模)零错误 |

### 习题解析

1. 输入两个正整数 a 和 b，交换 a 和 b 的值(使 a 的值等于 b，b 的值等于 a)。

【解析】

```
a = int(input())
b = int(input())
a, b = b, a
print(a, b)
```

2. 输入一个学生的百分制成绩。如果成绩大于或等于 80 分，输出“优秀”；如果成绩大于或等于 70 分并且小于 80 分，输出“良好”；如果成绩大于或等于 60 分并且小于 70 分，输出“及格”；如果成绩小于 60 分，输出“不及格”。

【解析】需使用多分支控制语句实现，注意各分数段区间端点的开闭。

```
score = float(input(" 请输入你的成绩: "))
```

```
if 100 >= score >= 80:
    print(" 优秀 ")
elif 70 <= score < 80:
    print(" 良好 ")
elif 60 <= score < 70:
    print(" 及格 ")
elif score < 60:
    print(" 不及格 ")
else:
    print(" 输入成绩有误 ")
```

运行结果如图 4-7 所示。

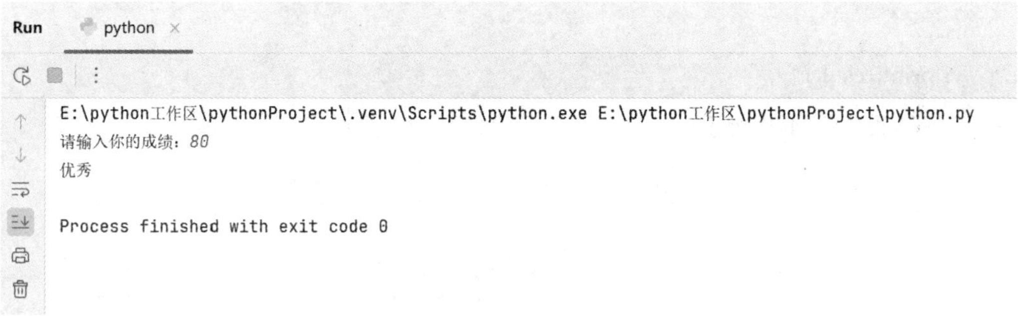


图 4-7 运行结果

3. 输入一个正整数 *n*，求出 *n* 的阶乘。

【解析】

```
a = 1
n = int(input(" 请输入一个整数 \n"))
for i in range(1, n+1):
    a = a * i
print(a)
```

运行结果如图 4-8 所示。

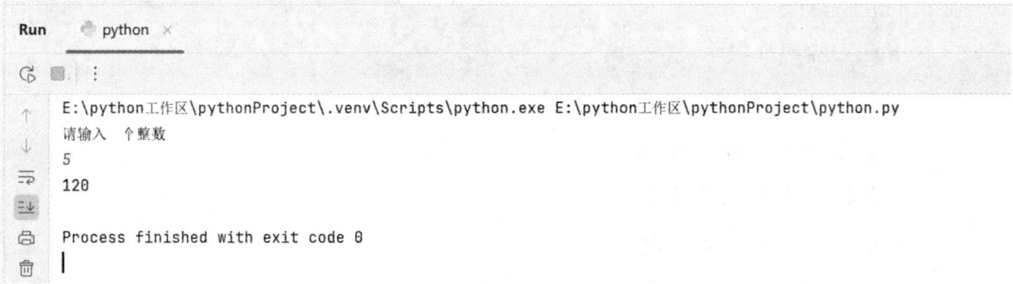


图 4-8 运行结果

4. 编写一个除法计算程序，要求能够对除数为 0 的情况进行正确处理。

【解析】

```
try:
    a = float(input(" 请输入被除数 a："))
    b = float(input(" 请输入除数 b："))
    result = a / b
except ZeroDivisionError:
    print(" 除数不能为零 !")
except ValueError:
    print(" 变量应为数值类型 !")
except NameError:
    print(" 变量缺少 !")
else:
    print(result)
```

运行结果如图 4-9 所示。

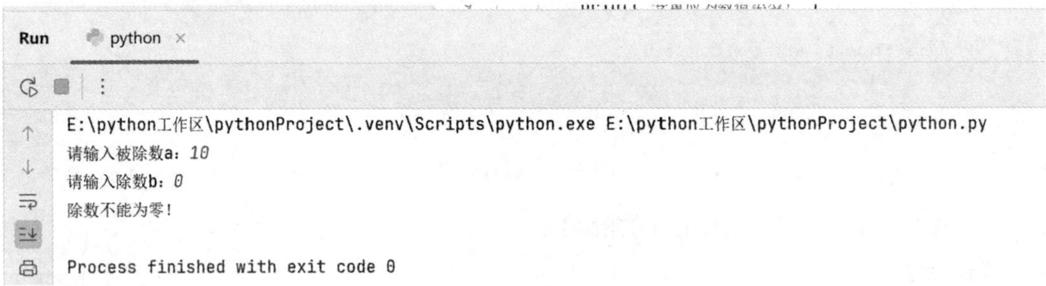


图 4-9　运行结果

## 扩展练习

### 一、单选题

1. 代码如下：

```
alist = range(10)
for i in alist[::-1]:
    print(i, end=",")
```

代码输出结果为(　　)。

A. 0, 1, 2, 3, 4, 5, 6, 7, 8, 9,

B. 0, 1, 2, 3, 4, 5, 6, 7, 8, 9, 10,

C. 9, 8, 7, 6, 5, 4, 3, 2, 1, 0,

D. 出错

2. 代码如下：

```
n = input(" 请输入一个 0 ～ 10 的整数：")
for i in range(1, n):
    print("%d 的平方等于 %d" % (i, i**2))
```

从键盘输入“4”后，代码的输出结果是（　　）。

A. 4, 8

B. 4, 16

C. 2 的平方等于 4
   2 的平方等于 4
   3 的平方等于 9

D. TypeError: unsupported operand type(s) for ** or pow(): 'str' and 'int'

3. 代码如下：

```
n = eval(input(" 请输入一个 0 ～ 10 的整数："))
for i in range(1, n):
    print("%d 的平方等于 %d" % (i, i**2))
```

从键盘输入“4”后，代码的输出结果是（　　）。

A. 4, 8

B. 4, 16

C. 1 的平方等于 1
   2 的平方等于 4
   3 的平方等于 9

D. TypeError: unsupported operand type(s) for ** or pow(): 'str' and 'int'

4. 执行如下代码：

```
BMI = eval(input(" 请输入您的 BMI 值："))
if BMI < 18.5:
    print(" 您的体重偏轻，请注意补充营养！")
elif BMI < 24:
    print(" 您很健康，请继续保持！")
else:
    print(" 您超重了，请注意控制饮食！")
```

以下选项中描述错误的是（　　）。

A. 分支语句的作用是在某些条件的控制下有选择地执行某一个语句块

B. 输入“24”，输出“您很健康，请继续保持！”

C. 当某分支的条件满足时，该分支的语句块被执行

D. 输入“17”，输出“您的体重偏轻，请注意补充营养！”

5. 代码如下：

```
over = 25
start = 2
if over % 2 != 0:
    start = 1
for x in range(start, over, 2):
    print(x)
```

上述程序输出值的个数是(　　)。

A. 10　　B. 12

C. 14　　D. 16

6. 代码如下：

```
sum = 0
for i in range(1, 11):
    if i % 2 == 0:
        sum += i
    else:
        sum -= i
```

输出结果是(　　)。

A. 5　　B. −5

C. 6　　D. −6

7. 代码如下：

```
a = 1.2
if a == int(a):
    print("{} is a integer".format(a))
else:
    print("{} is not a integer".format(a))
```

输出结果是(　　)。

A. 1.2 is a integer

B. 1.2 is not a integer

C. 无输出

D. 出错

8. 执行如下代码：

```
score = eval(input("请输入你的百分制成绩:"))
if score >= 80:
    print("达标")
```

```
else:
    print(" 不达标 ")
```

以下选项中描述错误的是(　　)。

A. 分支语句的作用是在某些条件的控制下有选择地执行某一个语句块

B. 输入“75”，输出“达标”

C. 当某分支的条件满足时，该分支的语句块被执行

D. 输入“90”，输出“达标”

9. 下列 Python 保留字中，不用于表示分支结构的是(　　)。

A. if　　B. elif

C. else　　D. in

10. 代码如下：

```
n = eval(input(" 请输入一个 0 ～ 10 的整数 :"))
result = 1
while result:
    if i == n:
        print("%d 是我们输入的数字 "%i)
        result -= 1
    else:
        i += 1
```

从键盘输入数字“8”，执行结果是(　　)。

A. 8

B. 8 是我们输入的数字

C. TypeError

D. NameError: name 'i' is not defined

11. 执行如下代码：

```
i = 1
while i < 9:
    j = 0
    while j < i:
        print("*", end="")
        j += 1
    print("\n")
    i += 1
```

以下选项中描述错误的是(　　)。

A. 外层循环 i 控制打印行数

B. 输出 9 行

C. 第 i 行有 i 个 *

D. 内层循环 j 用于控制每行打印的 * 的个数

12. 关于 Python 循环结构，以下选项中描述错误的是（　　）。

A. Python 通过 for，while 保留字分别提供遍历循环和无限循环结构

B. 遍历循环中的遍历结构可以是字符串、组合数据类型、range() 函数等

C. 每个 continue 语句只有能力跳出当前层次的循环

D. break 用来跳出当前层 for，while 循环，脱离该循环后，程序从循环代码后继续执行

13. 代码如下：

```
while a:
    print("OK")
```

输出结果是（　　）。

A. OK

B. 无限次输出“OK”

C. 无输出

D. NameError

14. 代码如下：

```
a = 1
while a:
    print("OK")
```

输出结果是（　　）。

A. OK

B. 无限次输出“OK”

C. 无输出

D. NameError

15. 代码如下：

```
a = 3
while a > 0:
    a -= 1
    print(a, end=' ')
```

以下选项中描述错误的是（　　）。

A. a -= 1 可由 a = a-1 替换

B. 使用 while 保留字创建条件循环

C. 将条件“a > 0”修改为“a < 0”对程序无影响

D. 这段代码的输出结果为“2 1 0”

16. 代码如下：

```
for s in "Hello Python":
    if s == "y":
        continue
    print(s, end="")
```

输出结果是(　　)。

A. Hello Pthon

B. Hello

C. Python

D. Hello Python

17. 代码如下：

```
for s in "Hello Python":
    if s == "y":
        break
    print(s, end="")
```

输出结果是(　　)。

A. Hello Pthon

B. Hello P

C. Python

D. Hello Python

18. 代码如下：

```
for i in range(1, 7):
    if i % 3 == 0:
        continue
    else:
        print(i, end=",")
```

输出结果是(　　)。

A. 1, 2,

B. 1, 2, 3,

C. 1, 2, 3, 4, 5, 6

D. 1, 2, 4, 5,

19. 代码如下：

```
for i in range(1, 7):
    if i % 3 == 0:
        break
```

```
    else:
        print(i, end=",")
```

输出结果是(　　)。

A. 1, 2,　　　　B. 1, 2, 3,

C. 1, 2, 3, 4, 5, 6　　　　D. 1, 2, 4, 5,

20. 代码如下：

```
for i in range(5):
    print(chr(ord("a")+i), end="")
```

以下选项中描述错误的是(　　)。

A. ord("a") 返回字符“a”对应的 Unicode 编码

B. chr(x) 函数返回 x 的 Unicode 编码对应的字符

C. 输出结果为“abcde”

D. 系统报错

21. 代码如下：

```
for i in range(5):
    print(chr(ord(100)+i), end="")
```

以下选项中描述正确的是(　　)。

A. chr("a") 返回字符“a”对应的 Unicode 编码

B. ord(x) 函数返回 x 的 Unicode 编码对应的字符

C. 输出结果为“cdefg”

D. 系统报错

22. 代码如下：

```
for i in range(5):
    print(chr(ord("!")+i), end="")
```

以下选项中描述错误的是(　　)。

A. ord("!") 返回字符“!”对应的 Unicode 编码

B. chr(x) 函数返回 x 的 Unicode 编码对应的字符

C. 输出结果为 "!"#$%"

D. 系统报错

23. 关于 Python 遍历循环，以下选项中描述错误的是(　　)。

A. 遍历循环一般通过 for 实现

B. 遍历循环中的遍历结构可以是字符串、组合数据类型和 range() 函数等

C. 遍历循环从遍历结构中逐一提取元素放在循环变量中，每个元素只执行一次语句块

D. 无限循环无法实现遍历循环的功能

24. 关于 Python 的无限循环，以下选项中描述错误的是(　　)。

A. 无限循环一般通过 while 保留字构建

B. 无限循环也称为条件循环

C. 无限循环一直保持循环操作，直到循环条件不满足才结束

D. 无限循环需要提前确定循环次数

25. 关于 while 保留字，以下选项中描述正确的是(　　)。

A. while 循环的遍历结构不能包括文件

B. 所有 while 循环功能都可以用 for 循环替代

C. “while True:” 构成死循环，程序要禁止使用

D. while 循环可以不指定循环次数

26. 代码如下：

```
s = 0
while(s<=1):
    s = s + 1
    print('计数:', s)
```

输出结果是(　　)。

A. 计数:0<br>　计数:1

B. 计数:1<br>　计数:2

C. 计数:1

D. 出错

27. 代码如下：

```
for i in range(2, 10, 2):
    print(i, end=",")
```

输出结果是(　　)。

A. 2, 4, 6, 8,

B. 1, 3, 5, 7, 9

C. 2, 4, 6, 8, 10

D. 2, 5, 8

28. 代码如下：

```
for a in ["apple", "lemon", "peach"]:
    print(a)
```

输出结果是(　　)。

A. apple<br>　lemon<br>　peach

B. apple lemon peach

C. apple, lemon, peach

D. "apple", "lemon", "peach"

29. 代码如下：

```
sum = 0
for i in range(1, 11):
    sum += i
print(sum)
```

输出结果是(　　)。

A. 55　　B. 12

C. 66　　D. 11

30. 代码如下：

```
for i in range(1, 7):
    if i / 3 == 0:
        break
    else:
        print(i, end=",")
```

输出结果是(　　)。

A. 1, 2,　　B. 1, 2, 3,

C. 1, 2, 4, 5,　　D. 1, 2, 3, 4, 5, 6,

31. 代码如下：

```
for a in 'Python':
    print(a, end="")
    if a == 'o':
        break
```

输出结果是(　　)。

A. Pyth　　B. Pytho

C. Python　　D. 系统出错

32. 代码如下：

```
n = input(" 请输入一个 0 ～ 10 的整数 :")
for i in range(1, n):
    print("%d 的平方等于 %d"%(i, i**2))
```

从键盘输入“4”后，代码的输出结果是(　　)。

A. 4, 8

B. 4, 16

C. 1 的平方等于 1
   2 的平方等于 4
   3 的平方等于 9

D. TypeError: unsupported operand type(s) for ** or pow(): 'str' and 'int'

二、判断题

1. 如果仅仅是用于控制循环次数，那么语句“for i in range(20)”和“for i in range(20, 40)”的作用是等价的。 (  )

2. 假设已导入 random 标准库，那么表达式“max([random.randint(1, 10) for i in range(10)])”的值一定是 10。 (  )

3. 对于 if 结构来说，可以有多个判断路径。 (  )

4. 在 Python 中可以使用 if 作为变量名。 (  )

5. break 语句的作用是中止当前循环语句中的本次循环。 (  )

6. break 语句的作用是在此刻终止循环。 (  )

7. 代码“for i in range(20)”中 i 的取值是 1 ～ 20。 (  )

8. while 语句在执行过程中只要满足判断条件就可以一直循环下去。 (  )

三、填空题

1. 代码如下：

```
astr = input("请输入一个字符串:")
for char in astr:
    if char == 'T'
        break
    elif 'A' <= char <= 'Z'
        print(char, end='')
    else:
        continue
```

当从键盘输入“AaBbCcRSTXYZ”时，程序的运行结果是______。

2. 代码如下：

```
for i in range(5):
    print(chr(ord('a')+i), end="")
```

运行结果是______。

3. 循环语句“for i in range(1, 4, 1)”的循环次数是______。

4. ______语句是 else 语句和 if 语句的组合。

5. 在循环体中可以使用______语句跳过本次循环后面的代码，重新开始下一次循环。

6. 循环语句“for i in range(−3, 21, 4)”的循环次数是______。

7. ______语句是用于判断条件是否成立的语句。

8. for 语句和______语句可以实现程序的循环执行和访问。

9. 如果有多个判断条件，则 if 和______都是成对出现的。

10. 执行语句“for i in range(1, 5, 2):”，循环体执行的次数为______。

11. 代码如下：

```
for n in range(10, 100):
    i = n%5
    j = n%2
    if (i==0) * (j==0):
        print(n)
```

运行结果会出现______个。

12. 循环语句“for i in range(6, -4, -2):”执行结束后，i的值为______。

【参考答案】

一、1. C　2. D　3. C　4. B　5. B　6. A　7. B　8. B　9. D　10. D
11. B　12. C　13. D　14. B　15. C　16. A　17. B　18. D　19. A　20. D
21. D　22. D　23. D　24. D　25. D　26. B　27. A　28. A　29. A　30. D
31. B　32. D

二、1. √　2. ×　3. ×　4. ×　5. ×　6. √　7. ×　8. √

三、1. ABCRS　2. abcde　3. 3　4. elif　5. continue　6. 6
7. if　8. while　9. else　10. 2　11. 9　12. -2

第5章

# 组合数据类型

Python 语言有多种数据类型。基本数据类型有数字和字符串。除了基本数据类型，Python 还有一些组合数据类型，包括序列型、集合型、字典型(又称映射型)，其中序列型数据又包含列表和元组两种数据类型，字符串也可以被认为是序列型数据。组合数据类型的存在，使得计算机处理数据的效率得到极大提升。

**知识概述**

## 5.1 列　表

### 5.1.1 列表概述

列表在 Python 中是一种按照特定顺序排列元素的序列，用一段连续的存储空间存储多个元素。在 Python 中，列表通常以方括号“[]”来表示，其中的元素用逗号分隔。

Python 的列表可以存放任何类型的数据，包括基本数据类型和组合数据类型，如数字、字符串、列表或没有任何关系的元素。其元素是有序的，Python 对列表中的元素按照从左至右或从右至左的顺序进行编号，这些编号称为索引，使用整型数字来表示。列表索引从 0(从左至右)或 -1(从右至左)开始，一般用于访问列表中对应位置的元素。例如，某列表名为 alist，则 alist[0] 表示访问其第 1 个元素，alist[-1] 表示访问其倒数第一个元素。

Python 的列表是动态的，列表中的元素可以发生改变，且列表没有长度限制。列表中的元素若仍为列表类型，则称为列表的嵌套，即多维列表。

### 5.1.2 列表切片

序列型数据可以使用位置索引访问列表中的值，列表切片是 Python 提供的利用索引完成子列表截取的一种方式。就像索引可以从列表中取得单个值一样，切片可以从列表中取得多个值，形成一个子列表。

例如，对列表 alist 进行第二个元素到第五个元素范围内的截取操作，可以通过如下方式进行：

```
alist2 = alist[1:5]
```

其中，冒号前的数字为起始索引，冒号后的数字为结束索引，实际取得的最后一个元素的索引为 4。

### 5.1.3 列表操作

本节主要介绍列表具有的增、删、改、查等一系列基本操作以及列表切片。Python 中列表的常用方法见表 5-1。

表 5-1 列表常用方法

| 类型 | 方法名 | 描述 |
|---|---|---|
| 添加 | l.insert(index, item) | 将数据作为一个元素插入指定位置 |
| | l.append(item) | 将数据作为一个元素追加到列表最后 |
| | l.extend(l2) | 将列表 2 的所有元素追加到原列表尾部 |
| 删除 | l.remove(item) | 删除列表中第一次出现的指定元素 |
| | l.pop([index]) | 删除指定位置元素并返回该元素值，默认删除末尾元素 |
| | l.clear() | 清空列表 |
| 修改 | l[i] = new_item | 修改指定位置的数据 |
| 查找 | l.index(item) | 查找指定元素并返回其索引，若不存在则抛出异常 |
| 排序 | l.sort([reverse=True]) | 列表排序 |
| | l.reverse() | 翻转列表 |

## 5.2 元 组

Python 中不能修改的类型称为不可变数据类型，而不可变的序列被称为元组。元组与列表类似，可存储不同类型的数据，如字符串、数字，甚至嵌套元组。元组的数据可以查询，但不能修改，即创建后不能再进行任何修改操作。

元组使用圆括号“()”创建，其元素使用逗号分隔，当创建仅有一个元素的元组时，该元素的后面需要添加逗号以保证正常创建，否则圆括号会被当作算术运算符处理。

访问元组元素的方式与访问列表元素的方式相同。

## 5.3 字符串操作

字符串是程序设计语言中的常用数据类型，为不可变数据类型，因此对字符串进行处理的相关方法（大致归为增、删、改、查四类）产生的结果不会直接影响原字符串，只能作为返回值被变量接收。字符串处理常用方法见表 5-2。

表 5-2 字符串处理常用方法

| 类型 | 方法名 | 描述 |
| --- | --- | --- |
| 连接 | s.join(seq) | 将一个序列按指定字符串连接成一个整体的字符串 |
| 分隔 | s.split(c[,p]) | 按指定分隔符将字符串分隔为一个列表，可指定分隔次数 |
| | s.partition(c) | 按指定分隔符将字符串分隔为分隔符的前、中、后三部分 |
| | s.rpartition(c) | 类似于 partition() 方法，从字符串右侧开始分隔 |
| | s.splitlines([keepends=False]) | 按换行符对字符串进行分隔，并指定分隔后是否保留换行符 |
| 删除 | s.strip([sub]) | 删除字符串首尾指定子串或空格 |
| | s.lstrip([sub]) | 仅在左端删除指定子串或空格 |
| | s.rstrip([sub]) | 仅在右端删除指定子串或空格 |
| 修改 | s.replace(old, new[, p]) | 将指定子串替换为新字符串，可指定替换次数。若新字符串为空串则实现删除效果 |
| | s.capitalize(), s.title() | 对字符串进行标题格式处理 |
| | s.upper(), s.lower() | 对字符串进行大小写转换 |
| 查找 | s.find(sub[, start]) | 从指定位置查找指定子串并返回其第一个元素的索引。若不存在则返回 -1 |
| | s.index(sub[, start]) | 类似于 find() 方法，但如果子串不存在则抛出异常 |
| 统计 | s.count(sub[, start[, end]]) | 统计字符串出现的次数 |

# 5.4 字 典

## 5.4.1 字典概述

在许多应用中需要利用关键词查找对应信息，例如，通过学号检索某学生的信息，这种方式称为映射。Python 中的字典是一种映射型组合数据类型，类似于其他编程语言中的哈希（Hash）、关联数组、JSON 等结构。字典由键（key）和值（value）组成的键值对构成，字典的键和值是一种映射关系，所以又被称为映射类型。字典的键值对是无序的。

用一对花括号可以创建一个空字典，若字典中含有键值对，则键与值之间用冒号分隔，键值对之间用逗号分隔。

## 5.4.2 字典操作

字典操作包括添加字典元素、删除字典元素、更新字典元素、获取字典信息等。常用方法见表 5-3。

表 5-3 字典操作常用方法

| 类型 | 方法名 | 描述 |
| --- | --- | --- |
| 添加 | d.setdefault(key,[default]) | 添加一个键值对 |
| 删除 | d.pop(key） | 弹出 key 对应的元素，并返回 value |
| | d.popitem() | 元素仅从尾部弹出 |

续表

| 类型 | 方法名 | 描述 |
|---|---|---|
| 删除 | d.clear() | 清空字典 |
| 更新 | d.update(d2) | 将 d2 的键值对更新到 d 中 |
| 取值 | d.items() | 获取字典中的键值对集合 |
|  | d.keys() | 获取字典中键的集合 |
|  | d.values() | 获取字典中值的集合 |

## 5.5 集合

集合是不重复元素的顺序集，与数学中集合的概念相似，可由不同类型的元素组合而成。集合也用花括号来定义，虽然与字典定义类似，但其元素只有值而没有键。集合不支持索引操作，元素不可重复且必须是不可变数据类型（数值、字符串、元组），但支持对集合进行添加和移除元素等操作。

有元素的集合可以直接使用花括号赋值创建，而创建一个空集合则需要使用 set() 函数实现。另外，在使用 set() 函数进行类型转换时，如果可迭代对象中有重复元素，则 set() 函数会自动将重复元素去掉。因此，有时可以使用这种方法完成去重的运算。

最后，和列表类似，一个集合可以包含类型相同的元素，也可以包含类型不同的元素。

## 5.6 组合数据类型的运算

在组合数据类型中，每种类型的数据都有相对固定的静态特征以及动态行为，即属性和对其数据进行处理的方法。比如字符串具有类型、长度等属性，Python 也为其提供了大小写转换、子串搜索与分隔、查找指定元素等数据处理方法。而对于列表来说，其也具有长度属性和查找元素方法，因此对于组合数据类型，Python 提供了一些共性的运算规则和方法，适用于所有或部分组合数据类型。

Python 中适用于组合数据类型的运算符见表 5-4。

表 5-4　Python 的部分运算符

| 运算符 | 描述 |
|---|---|
| +, -, *, +=, *= | 用于字符串或列表的连接、集合差集、字符串或列表的重复拼接处理、合并列表等 |
| >, >=, ==, <=, < | 比较运算，用于列表、字符串、字典等数据类型的比较 |
| = | 赋值运算 |
| &, \|, ^ | 集合运算，一般用于集合的交、并、对称差等运算 |
| in, not in | 成员运算，判断某元素是否在列表、字符串等数据中 |

Python 中用于组合数据类型相关计算的常用内置函数见表 5-5。

表 5-5 Python 常用的内置函数

| 内置函数 | 描述 |
|---|---|
| len(items) | 求长度函数，求参数内含元素的个数 |
| max(items) | 求最大值，要求数据的元素(或字典的键)可以比较大小 |
| min(items) | 求最小值，要求数据的元素(或字典的键)可以比较大小 |
| sum(items) | 求和函数，要求数据的元素(或字典的键)是数字型 |
| sorted(items [, key = lambda [, reverse = True]]) | 默认按升序排序并返回一个新列表，排序结果不影响原列表，reverse = True 为降序排序，要求数据的元素(或字典的键)可以比较大小 |
| del(items[i]) | 删除指定位置的元素(或指定关键字的键值对) |

# 5.7 组合数据类型的复制拷贝

## 5.7.1 浅拷贝

组合数据类型的复制类似于人们对文档进行复制，在计算机中为了进行数据的通信，常进行变量之间的复制。利用正确的变量复制方法，可以避免数据的错误或丢失。

初学者通常会认为使用赋值运算符可以完成复制，但在 Python 中，表达式“b = a”中的变量 b 只是变量 a 的别名，也就是说两个变量指向同一个内存单元。又因为列表是可变数据类型，因此变量 a 和 b 中任一变量中的元素发生变化，另一个变量也会随之发生变化。因此，若想实现组合数据类型的拷贝复制，不能简单地使用赋值号完成。

浅拷贝实际上是列表的复制，浅拷贝只拷贝内存中的第一层数据，对于二维列表来说，列表中每一行对应的数据不会被拷贝，而是两个列表共享。使用列表切片方式可完成列表的浅拷贝：L2 = L1[:]。

浅拷贝还可以使用 Python 内置模块 copy 下的 copy() 函数实现：L2=copy.copy(L1)。其中，copy 模块需要使用“import”关键字导入后方可使用。浅拷贝原理如图 5-1 所示。

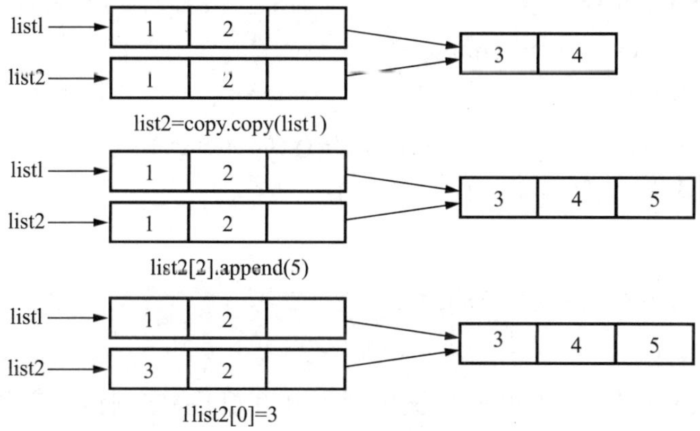


图 5-1 浅拷贝原理

### 5.7.2 深拷贝

深拷贝实际上是二维列表的复制，也就是说当为一个变量或它的某一级分量赋值时，Python 会及时分配新的内存单元，不会造成数据的粘连。对于字典、元组和列表这类组合数据类型而言，进行浅拷贝和深拷贝时，内存的地址是不同的。

深拷贝通过 copy 模块下的 deepcopy() 函数完成。深拷贝原理如图 5-2 所示。

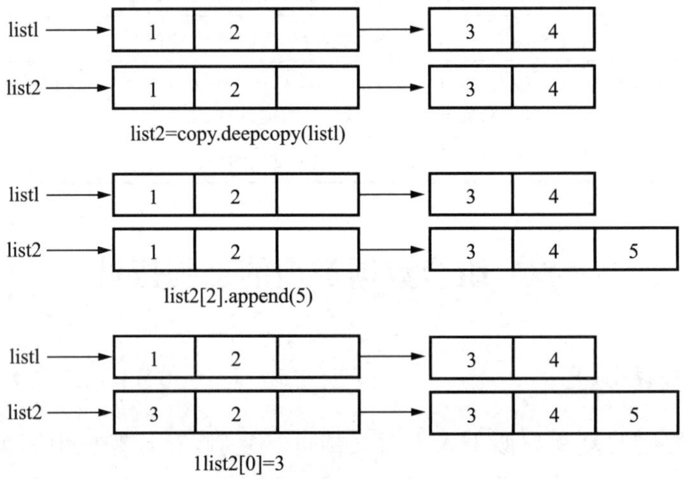


图 5-2　深拷贝原理

## 习题解析

1. 王同学想要向某小额贷款公司贷款 10 000 元，用于购买手机，日利率为 0. 05%。编程计算 30 年后王同学连本带利欠款多少，年利率为多少。

【解析】

```
money = 10000                                    # 本金
drate = 0.0005                                   # 利率
year = 30                                        # 贷款年数
for i in range(365*year):                        # 遍历贷款天数，每天累加
    money = money + money*drate
yrate = 360*drate                                # 年利率=360 * 日利率
print("%d 年后连本带利欠款总额：%.2f" % (year, money))
print(" 年利率：{:.2f}%".format(yrate*100))
```

运行结果：

```
30 年后连本带利欠款总额：2383241.46
年利率：18.00%
```

2. 王同学放弃了贷款的想法，但又发现了新商机，决定到银行存款 1 万元，想着等 1 万元翻一倍再取出来。当时的年利率是 1. 9%，编程计算王同学的想法需要多少年才

可以实现。

【解析】

```
money = 10000                # 本金
yrate = 0.019                # 年利率
year = 0
while money <= 20000:
    year += 1
    money = money * (1+yrate)
print("%d 年后翻一倍 " % year)
```

运行结果：

```
37 年后翻一倍
```

3. 如果昨天你的英语单词量的基数为 1，从今天起每天都提高当前基数的 0. 01，请问一年（365 天）后你的单词量达到多少？思考一下，如果 5 个工作日中每天增加上一天的 0. 01，而 2 个休息日中每天减少上一天的 0. 01，今天是星期一，请问提高比例至少为多少，一年（365 天）后才能达到上一种情况的水平？

【解析】每一天的单词量都是上一天的（1+0.01），365 天后的单词量如下：

```
DP = (1+0.01) ** 365
print(" 每天提高 0.01，一年后可达到 %.4f 单词量 " % DP)

def dayup(df):
    # 5 天工作，每天是上一天的（1+df）
    # 2 天休息，每天是上一天的（1-df）
    basic = 1
    for i in range(1, 366):
        if i % 7 in [6, 0]:
            basic = basic * (1-df)
        else:
            basic = basic * (1+df)
    return basic

df = 0.01
degree = dayup(0.01)
# 努力程度以 1+0.01 为基数，增加若干个 0.000 01 以逐渐逼近 DP
while(degree<DP):
    df += 0.000001
    degree = dayup(df)
```

```
print("每周前 5 天均提高 {0:.4f}，后 2 天均下降 {0:.4f}，一年后可达到 {1:.4f} 单词量".
format(df, degree))
```

运行结果：

```
每天提高 0.01，一年后可达到 37.7834 单词量
每周前 5 天均提高 0.0238，后 2 天均下降 0.0238，一年后可达到 37.7873 单词量
```

4. 参照图 5-3，利用随机函数在平面上随机投点，通过单位圆和正方形的面积比例，近似计算圆周率。

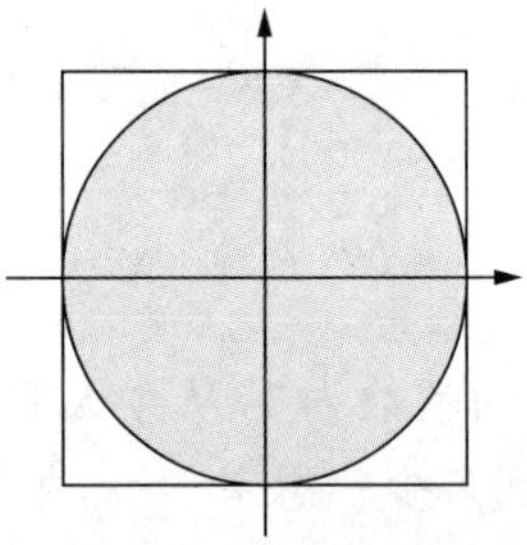

图 5-3 投点图解

```
from random import random        # 引用随机小数函数 random()
from math import sqrt            # 引用 math 模块中的平方根函数 sqrt()
DARTS = 10000000                 # 在矩形 -1 ≤ x, y ≤ 1 上产生的随机点数
hits = 0                         # 在单位圆上产生的随机点数，与上述点数之比逼近 π
for i in range(1, DARTS+1):
    x, y = random(), random()
    dist = sqrt(x**2+y**2)       # 随机投点与原点的距离
    if dist <= 1:                # 如果距离小于 1，则投点在圆内
        hits += 1
pi = 4 * (hits/DARTS)
print("pi 值是 {}。".format(pi))
```

运行结果：

```
pi 值是 3.1407992。
```

## 扩展练习

### 一、单选题

1. 代码“print(0==False)”的输出结果是（　　）。

A. True　　B. False　　C. 0　　D. 1

2. 关于 Python 字符串，以下选项中描述错误的是（　　）。

A. 字符串可以单独存在

B. 可以使用 class() 测试字符串的类型

C. 输出带有引号的字符串，可以使用转义符

D. 字符串是一个字符序列，字符串中的编号叫作索引

3. 关于 Python 的元组类型，以下选项中描述错误的是（　　）。

A. 元组是不可变类型，一旦创建就不能被修改

B. Python 中元组采用逗号和圆括号来表示

C. 元组中的元素必须是同一数据类型

D. 一个元组可以作为另一个元组的元素，可以采用多级索引如 t[0][1] 来获取信息

4. 字典 fruit = {'apple':1, 'peach':2, 'lemon':3}，以下选项中正确的是（　　）。

A. fruit 是一个元组

B. fruit 是一个列表

C. fruit 是一个集合

D. fruit 是一个字典

5. 下列能创建一个集合的语句是（　　）。

A. s = set("abcdefgh")　　B. s = [1, 2, 3, 4, 5]

C. s = (1, 2, 3, 4, 5)　　D. s = {}

6. 字典 fruit = {'apple':1, 'peach':2, 'lemon':3}，则 len(fruit) 的结果是（　　）。

A. 3　　B. 6　　C. 9　　D. 12

7. 元组 t = ("cat", "dog", "pig", "cow")，则 t[−1] 的结果是（　　）。

A. cat　　B. dog　　C. pig　　D. cow

8. 以下选项中描述错误的是（　　）。

A. 如果 s 是一个序列，x 是 s 的元素，则 x in s 返回 True

B. 如果 s 是一个序列，x 不是 s 的元素，则 x not in s 返回 True

C. 列表 s = [1, "good", True]，s[3] 返回 True

D. 列表 s = [1, "good", True]，s[−1] 返回 True

9. 代码如下：

```
mlist = ['Python', 'is', [['popular', 'language'], '***', 123]]
print(mlist[2][0][1])
```

输出结果为（　　）。

A. is　　B. popular　　C. language　　D. 出错

10. 关于赋值语句，以下选项中描述错误的是（　　）。

A. 赋值语句用"="实现

B. 赋值运算符与二元操作符可以组合，例如 +=

C. "a, b = b, a" 可以快速实现 a 和 b 值的互换

D. "a, b, c = b, c, a" 是不合法的

11. 关于 Python 赋值语句，下列选项中描述正确的是（　　）。

```
a = 10
```

```
b = 20
a, b = b, a
```

A. 执行代码后互换 a 与 b 的值

B. Python 语言中的赋值表达式“< 变量 > == < 表达式 >”的作用是将“==”右边的表达式计算后的结果值赋给左侧变量

C. 在一条语句中不能对多个变量同时赋值

D. 执行代码“a, b, c, d = 1.5 + 2j, 20, "python", True”后，出现错误，无法对变量 a, b, c, d 赋值

12. 关于赋值语句，以下选项中描述错误的是（　　）。

A. Python 语言中的赋值表达式“< 变量 >=< 表达式 >”的作用是将“=”右边的表达式计算后的结果值存于内存中，然后将该内存的地址赋给创建的左侧变量

B. Python 有同时给多个变量赋值的赋值语句

C. 可以通过赋值语句互换两个变量的值

D. 设“a=10; b=20”，执行“a, b = b, a + b; print(a, b)”和“a = b; b = a + b; print(a, b)”之后，得到同样的输出结果“20, 30”

13. 能实现变量创建的是（　　）。

A. 判断语句　　B. 自定义语句

C. 循环语句　　D. 赋值语句

14. 表达式“5 + 5%4*2//3”的值是（　　）。

A. 4　　B. 5　　C. 6　　D. 7

15. 代码如下：

```
a = "Happy "*2
b = "Happy New Year"
print(a+b)
```

输出结果是（　　）。

A. Happy New Year　　B. Happy Happy Happy New Year

C. Happy Happy New Year　　D. 出错

16. 代码如下：

```
x = 2
x *= 3 + 3**2
print(x)
```

输出结果是（　　）。

A. 24　　B. 12　　C. 18　　D. 14

17. 代码如下：

```
str = "hello world!"
```

```
print(str * 3)
```

运行结果是(　　)。

A. hello world!

B. hello world!3

C. hello world!hello world!hello world!

D. 系统报错

18. 代码如下:

```
x = 10
print('x+10')
```

输出结果是(　　)。

A. 系统报错　　B. 20　　C. 10+10　　D. x+10

19. Python 语言中,以下输出结果为“11”的选项是(　　)。

A. print(eval("1"+"1"))　　B. print(eval("1"+1))

C. print(1+1)　　D. print(eval("1+1"))

20. 以下选项中,输出结果为“False”的是(　　)。

A. 'python123' > 'python'　　B. 'python' < 'PYTHON'

C. 'abc' < 'acc'　　D. 'PYTHON' == 'Python'.upper()

21. 下列表达式的值为“True”的是(　　)。

A. false == 0　　B. not((True==1) or ("A"=="a"))

C. "A" > "a"　　D. ("5">"100") and 0 != 1

22. 代码如下:

```
a = 1
b = 1
c = 1.0
print(a is b, b == c, b is c)
```

运行结果是(　　)。

A. True False True

B. False False True

C. True True False

D. True False False

23. 代码如下:

```
Str = "Hello Python"
```

可以输出“Python”子串的是(　　)。

A. print(Str[−6:])

B. print(Str[−6:−1])

C. print(Str[-6:0])

D. print(Str[-5:-1])

24. 代码如下：

```
s = "Life is beautiful!"
```

可以输出“life”的是（　　）。

A. print(s[0:3])　　B. print(s[0:3].lower())

C. print(s[0:4])　　D. print(s[0:4].lower())

25. 代码如下：

```
str1 = "Hello Python!"
print(str1[3:-3])
```

输出结果是（　　）。

A. llo Pytho　　B. lo Pyth

C. lo Pytho　　D. IndexError: tuple index out of range

26. 代码如下：

```
s = "Python language"
print(s[1:10:3])
```

输出结果是（　　）。

A. ph　　B. phl　　C. yol　　D. yola

27. 代码如下：

```
s = ["white", "gold", "pink", "brown", "black", "yellow"]
print(s[1:4:2])
```

输出结果是（　　）。

A. ['white', 'gold', 'pink', 'brown']

B. ['gold', 'pink', 'brown', 'black']

C. ['gold', 'pink', 'brown']

D. ['gold', 'brown']

28. 代码如下：

```
student = {'Tom', 'Jim', 'Mary', 'Tom', 'Jack', 'Rose'}
print(student[3:-1])
```

输出结果是（　　）。

A. {'Mary', 'Tom', 'Jack'}

B. {'Mary', 'Tom', 'Jack', 'Rose'}

C. {'Tom', 'Jack'}

D. TypeError: 'set' object is not subscriptable

29. 字典 fruit = {'apple': 'red', 'peach': 'pink', 'lemon': 'orange'}，则 fruit['lemon'] 的结果是(　　)。

A. 'red'　　B. 'pink'　　C. 'orange'　　D. orange

30. 关于 Python 组合数据类型，以下选项中描述错误的是(　　)。

A. 组合数据类型可以分为序列类型、集合类型和字典类型

B. 序列类型包括字符串、列表和元组

C. 序列类型的元素之间存在先后关系，通过索引访问其中的元素

D. 集合和字典通过索引访问其中的元素

31. 关于 Python 的列表，以下选项中描述错误的是(　　)。

A. Python 列表是可变类型，可以修改数据项

B. Python 列表用逗号和中括号“[]”表示

C. Python 列表属于序列型，可以通过索引访问其中的元素

D. Python 列表的长度不可变

32. 关于 Python 字符编码，以下选项中描述错误的是(　　)。

A. Python 可以处理任何字符编码文本

B. ord(x) 将 Unicode 编码转换为字符

C. chr(x) 将 Unicode 编码转换为字符

D. Python 默认采用 Unicode 字符编码

33. 代码如下：

```
print(ord('a') - ord('A'))
```

运行结果是(　　)。

A. 0　　B. −32　　C. 32　　D. 出错

34. 代码如下：

```
print(chr('A'), ord(97))
```

运行结果是(　　)。

A. 65　a

B. 97　A

C. 97 a

D. TypeError: an integer is required (got type str)

35. 以下不是 Python 基本数据类型的是(　　)。

A. 布尔型　　B. 元组型　　C. 复数型　　D. 字符串

36. Python 不支持的数据类型有(　　)。

A. char　　B. int　　C. float　　D. list

37. 下列能创建一个集合的语句是(　　)。

A. s = set("abcd")　　B. s = [1, 2, 3, 4]

C. s = (1, 2, 3, 4)　　D. s = {}

38. 代码如下：

```
print([1, 2, 3] + [2, 3, 4])
```

运行结果是(　　)。

A. [1, 2, 3, 4]　　B. [1, 2, 3]

C. [1, 2, 3, 2, 3, 4]　　D. 报错

39. 当需要在字符串中使用特殊字符时，Python 使用(　　)作为转义字符的起始符号。

A. \　　B. /　　C. #　　D. %

40. 下列数据中，不属于字符串的是(　　)。

A. 'ab'　　B. '''perface'''　　C. "52wo"　　D. abc

41. 以下选项中描述正确的是(　　)。

A. 条件“3 <= 5 < 4”是合法的，且输出为“True”

B. 条件“3 <= 4 < 5”是合法的，且输出为“True”

C. 条件“3 <= 5 < 4”是不合法的

D. 条件“3 <= 3 < 4”是合法的，且输出为“False”

二、判断题

1. Python 中的字符串数据类型是不可变数据类型。(　　)
2. 对于集合 aset，可以通过 aset[i] 表示集合 aset 里面的第 i+1 个元素。(　　)
3. 序列型的元素间存在先后顺序，所以可以使用序号进行索引。(　　)
4. Python 列表可以修改其中的数据项同时保持其内存地址不变。(　　)
5. 列表可以作为 Python 字典中的关键字(键)。(　　)
6. 元组中的元素可以是不同数据类型。(　　)
7. Python 字典可以采用“[]”和序号进行访问和赋值。(　　)
8. Python 字典中的关键字必须是不同的，不能重复。(　　)
9. 字符串可以作为 Python 字典中的关键字(键)。(　　)
10. 字符串 a 可以与字符串 b 进行减法运算。(　　)

三、填空题

1. arg = 'apple'; len(arg) =______ 。

2. alist = [2, 9 , 6 , 0, 3]; len(alist) =______。

3. atuple = (0, 2, 5); btuple=(1, 3, 6); atuple + btuple =______。

4. Python 字典一般是基于______进行映射访问。

5. 创建一个空集合 a 的语句是______。

6. 已知 dict1 = {"score1":80, "score2":90, "score3":86}，访问 86 这个值可以表示为______。

7. 已知 dict1 = {"张老师":"数学","李老师":"英语","徐老师":"体育"}，那么 dict1["李老师"] =______。

8. 列表 alist = [2, 5, 7]，则 print(alist*3) 的输出结果为______。

【参考答案】

一、1. A　2. B　3. C　4. D　5. A　6. A　7. D　8. C　9. C　10. D
11. A　12. D　13. D　14. B　15. B　16. A　17. C　18. D　19. A　20. B
21. D　22. C　23. A　24. D　25. B　26. C　27. D　28. D　29. C　30. D
31. D　32. B　33. C　34. D　35. B　36. A　37. A　38. C　39. A　40. D
41. B

二、1. √　2. ×　3. √　4. √　5. ×　6. √　7. ×　8. √　9. √　10. ×

三、1. 5　2. 5　3. (0, 2, 5, 1, 3, 6)　4. 键/关键字　5. a = set()
6. dict1["score3"]　7. "英语"　8. [2, 5, 7, 2, 5, 7, 2, 5, 7]

# 第6章

# 函数与模块

在开发程序时，常常需要多次使用某个具有独立功能的代码块，此时为了提高编写的效率以及实现代码的复用，会把该代码块组织为一个小模块，这就是函数。函数的目的就是将代码进行封装，提高代码的可读性，降低编程规模，实现代码复用和压缩开发周期。

**知识概述**

## 6.1 函 数

### 6.1.1 函数概述

函数是具有特定功能的、可重用的语句组。在实际开发中，把可能需要反复执行的代码封装为函数，然后在需要执行该段代码的地方调用封装好的函数，不需要在每个执行的地方重复编写这些语句。每次使用函数可以提供不同的参数作为输入，以实现对不同数据的处理。

Python 提供了 68 个内置函数，这些函数无须定义或引用，可以直接使用。《计算机等级考试大纲》考查的内置函数主要包括：input()，eval()，print()，int()，bin()，oct()，hex()，float()，complex()，bool()，str()，list()，dict()，abs()，pow()，divmod()，round()，all()，any()，max()，min()，sum()，len()，type()，range()，chr()，ord()，reversed()，open()，close()。

Python 除了有很多内置函数供程序开发人员使用，还允许程序开发人员根据应用需求自定义函数，将关系比较密切的一组语句进行封装、命名，然后通过函数名调用这些语句。自定义函数可以提高代码的可读性，复用代码，压缩编程规模，缩短开发周期。

函数使用关键字“def”定义，可以有多个“return”返回值，也可以没有返回值。没有返回值的函数一般用于实现某种功能，有返回值的函数一般用于完成某些数据的运算。

### 6.1.2 形式参数与实际参数

形式参数就是在定义函数的时候命名的参数，简称为形参。而实际参数就是在调用函数时，传递给函数的参数，简称为实参。

自定义函数里面的语句只有在调用函数阶段才会被执行。函数体是关系密切且能实现某种应用功能的语句组。自定义函数只是给某个功能代码块起了个名字，然后通过函数调用，将不同的应用数据传递进去进行运算。自定义函数也可以没有参数，但带有参数的函数更加灵活。

Python 支持默认参数、关键字参数和变长参数。

默认参数是指在函数定义的时候赋予形参的默认值。如果调用该函数时，默认参数没有实参传入，就使用其默认值去执行函数。所有参数必须出现在默认参数前(包括函数定义和调用)，否则将会产生语法歧义。

关键字参数主要指调用函数时的参数传递方式，通过关键字参数可以按参数名字传递值，明确指定哪个实参传递给哪个形参。实参顺序可以和形参顺序不一致，但不影响参数值的传递结果，避免了用户需要牢记参数位置和顺序的麻烦，使得函数的调用和参数的传递更加灵活方便。

变长参数可以接收任意个数的参数，参数的个数是可变的。在 Python 中，可以通过在参数前面添加“*”定义变长参数，这样定义的参数会将传递给函数的所有位置参数打包成一个元组。

## 6.2 局部变量与全局变量

### 6.2.1 相关概念

在 Python 中，程序的变量并不是在任意位置都可以被访问的，访问权限取决于这个变量是在哪里被定义的。根据作用域的不同，变量分为局部变量和全局变量。

如果一个变量是定义在某个函数内部的，那么这个变量被称为该函数的局部变量，它的作用域是从定义位置起到该函数结束。也就是说，这个变量是专属于这个函数的，在该函数调用结束后，局部变量就失效了。

如果在一个变量被定义之后再定义或调用某些函数，那么该变量被称为这些函数的全局变量，全局变量的作用域覆盖这些函数的内部，在函数内部可以使用全局变量，且函数调用结束后，全局变量也不会失效。

### 6.2.2 定义与使用

局部变量和全局变量可以重名。但要注意，当函数内部需要同时操作全局变量和局部变量时，同名全局变量暂时被隐藏，局部变量参与运算，直到函数调用结束后局部变量被释放，全局变量才会重新生效，继续参与后续运算。

全局变量可以在函数内部使用，那么全局变量的数据能否在函数内部修改呢？答案是肯定的，但不同类型的全局变量，修改方式是不同的。对于整型变量等不可变型全局变量，在函数内部修改其数据时，要先加 global 声明。而对于列表等可变型全局变量，在函数内部修改其数据时，不用加 global 声明，可以直接修改。

## 6.3 函数的嵌套调用与递归调用

### 6.3.1 嵌套调用

Python 中函数的嵌套调用是指在一个函数内部调用其他函数。通过函数的嵌套调用，我们可以将一个大的问题分解成多个小的子问题，并使用不同的函数来解决，可实现复杂的功能设计。

### 6.3.2 递归调用

在一个计算过程中，如果每一步都要用到前一步或前几步的结果，则称此计算过程为递归过程。一些数学函数就是用递归过程定义的，例如连加、连乘及阶乘等。

注意：

（1）使用递归函数需要注意防止栈溢出。

（2）必须有一个明确的递归结束条件，即递归出口。

（3）递归调用必须包含一些自我调用的步骤，这些步骤需要将问题分解为较小的子问题。

（4）面向对象编程中的构造方法不能递归调用。

## 6.4 内置模块与自定义模块

### 6.4.1 Python 内置模块

为了提高编程效率，可以把具有特定功能的编码封装到一些函数中，然后把这些函数以及具有特殊意义的变量、常量等放到 Python 模块（PY 文件等）中。因为 Python 语言的开源性，所以其开源社区十分活跃，开发出了很多模块。其中一些使用场景广泛的模块被集成到 Python 中成为内置模块，其他尚未集成到 Python 系统中的模块称为第三方模块。

Python 模块是 Python 计算生态的重要支撑，也正是因为用户可以使用已知模块方便快速地解决应用问题，Python 才获得了越来越多人的支持和青睐。Python 常用内置模块见表 6-1。

表 6-1 Python 常用内置模块

| 模块名 | 功能 | 模块名 | 功能 |
|---|---|---|---|
| time | 获取系统时间或进行时间格式转换 | math | 数学运算 |
| datetime | 时间计算 | turtle | 绘制图形 |
| random | 生成随机数 | sys | 运行环境的变量和函数库 |
| os | 对操作系统进行调用的接口 | json | 处理 JSON 字符串 |

使用模块时，要先用“import”关键字进行导入，方可使用模块提供的内置函数。

### 6.4.2 定义自己的模块

自定义模块是指由用户创建的 Python 代码文件，用于组织、封装和重用可执行的代码块。它允许将相关的功能和变量组织在一起，使代码更加可维护、可扩展和可复用。在 Python 中，一个 PY 源代码文件就是一个模块，因此程序代码文件之间可以相互调用。

## 习题解析

1. 编写一个程序，计算传入的字符串中数字、字母、空格以及其他字符的个数。

【解析】

```
def calc(s):
    number = 0                      # 记录数字个数
    letter = 0                      # 记录字母个数
    blank = 0                       # 记录空格个数
    other = 0                       # 记录其他字符个数
    for c in s:
        if c.isdigit():             # 判断是不是数字
            number += 1
        elif c == ' ':              # 判断是不是空格
            blank += 1
        elif c.isalpha():           # 判断是不是字母
            letter += 1
        else:
            other += 1
    print('数字个数:', number, '字母个数:', letter, '空格个数:', blank, '其他字符个数:',
    other)
    return number, letter, blank, other
print('输入一个字符串:')
s = input()
calc(s)
```

运行结果如图 6-1 所示。

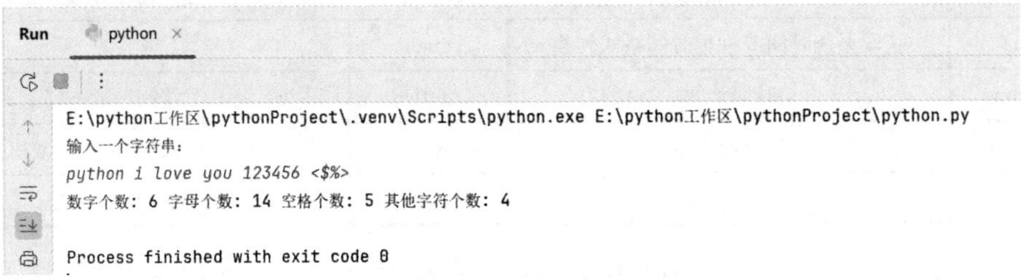


图 6-1 运行结果

2. 编写一个函数，判断用户传入的对象(字符串、列表、元组)的长度是否大于 5。

【解析】

```
def func(n):
    if len(n) > 5:
        return True
    else:
        return False
num = input(" 请输入内容(输入字符串时加引号):")
results = func(num)
print(results)
```

运行结果如图 6-2 所示。

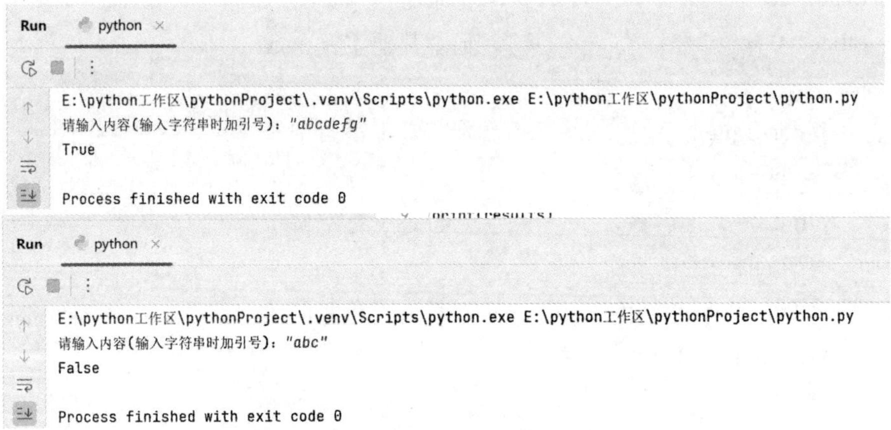


图 6-2 运行结果

3. 编写一个程序，输入任意大的自然数，输出各位数字之和。

【解析】

```
def func():
    a = input(" 请输入一个自然数:")
    sum = 0
```

```
    for i in a:
        sum = sum + int(i)
    return sum
print(func())
```

运行结果如图 6-3 所示。

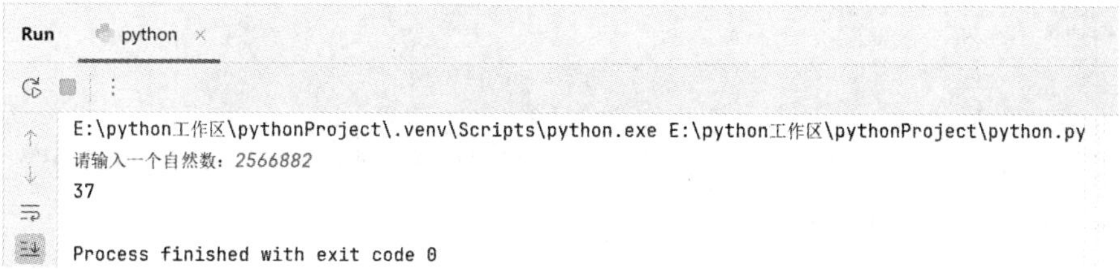


图 6-3 运行结果

4. 编写一个函数，接收两个数字参数，返回比较大的那个数字。

【解析】

```
def two_max(a1, a2):
    if a1 > a2:
        return a1
    else:
        return a2
c = eval(input(" 请输入第一个数："))
d = eval(input(" 请输入第二个数："))
m = two_max(c, d)
print(" 比较大的数字是：{}".format(m))
```

运行结果如图 6-4 所示。

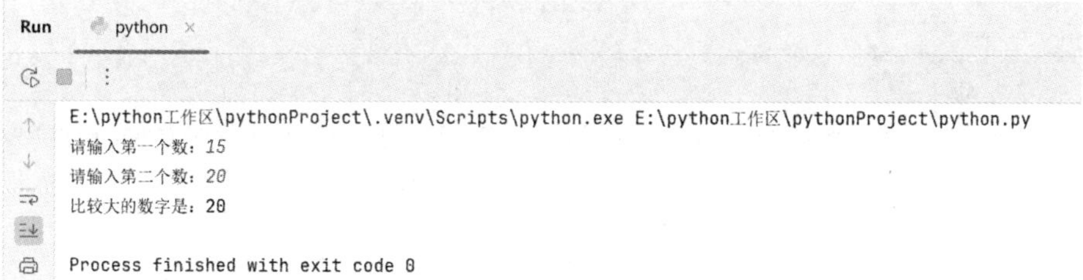


图 6-4 运行结果

5. 编写一个程序，输出斐波那契数列的前二十项。

【解析】

```
L = []
for i in range(20):
    if i ==0 or i == 1:
```

```
        L.append(1)
    else:
        L.append(L[i-2]+L[i-1])
print(" 斐波那契数列的前二十项为 ", L)
```

运行结果如图 6-5 所示。

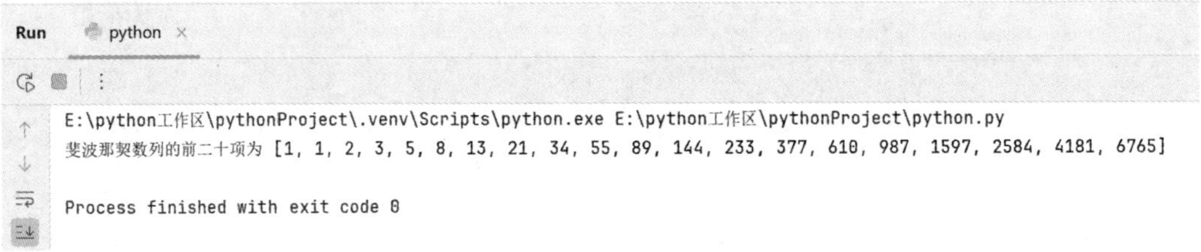


图 6-5　运行结果

6. 阿凡提与国王比赛下棋，国王说要是自己输了的话阿凡提想要什么他都可以拿得出来。阿凡提说那就要点米吧，棋盘一共 64 个格子，在第一个格子里放 1 粒米，第二个格子里放 2 粒米，第三个格子里放 4 粒米，第四个格子里放 8 粒米，以此类推，后面每个格子里的米都是前一个格子里的 2 倍，一直把 64 个格子都放满。需要多少粒米呢？

【解析】

```
temp = 1
sum1 = 1
for i in range(1, 64):
    temp = temp * 2
    sum1 = sum1 + temp
print(sum1)
```

运行结果如图 6-6 所示。

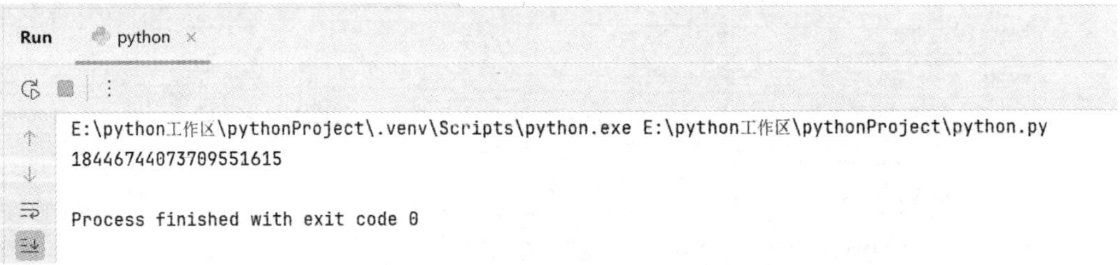


图 6-6　运行结果

## 扩展练习

### 一、单选题

1. 代码如下：

```
print(pow(2, 4))
```

输出结果是(　　)。

A. 16　　B. 6　　C. 8　　D. 24

2. 以下选项中,不属于函数的作用的是(　　)。

A. 增强代码可读性

B. 降低编程规模

C. 提高代码执行速度

D. 复用代码,缩短开发周期

3. 关于函数,以下选项中描述错误的是(　　)。

A. 函数代码在调用时才能被执行

B. 有助于对大型的、复杂的程序进行任务分解

C. 使用函数时必须了解内部实现细节

D. 函数名称可以作为数据赋值给变量

4. 在 Python 中,关于函数的描述,以下选项中正确的是(　　)。

A. 在 Python 中,def 和 return 是函数必须使用的保留字

B. 在 Python 中,return 语句只能返回一个值

C. 一个函数中只允许有一条 return 语句

D. 自定义函数只能以 def 保留字开头

5. 关于函数的参数传递,以下选项中描述不正确的是(　　)。

A. 形式参数是函数定义时提供的参数

B. 实际参数是函数调用时提供的参数

C. Python 参数传递时不构造新数据对象,而是让形式参数和实际参数共享同一对象

D. 函数调用时,需要将形式参数传递给实际参数

6. 代码如下:

```
def func(num):
    num **= 2
a = 10
func(a)
print(a)
```

运行结果是(　　)。

A. 10　　B. 20　　C. 100　　D. 出错

7. 代码如下:

```
n = 2
def multiply(x, y=10):
    global n
    return x * y * n
```

```
    n *= 3
s = multiply(25, 2)
print(s)
```

以下选项正确的是(　　)。

A. 执行结果为 500

B. 执行结果为 100

C. 函数 multiply() 退出后，变量 n 被释放

D. 函数 multiply() 退出后，变量 n=6

8. 在 Python 中，关于全局变量和局部变量，以下选项中描述不正确的是(　　)。

A. 局部变量是指在函数内部使用的变量，当函数退出后变量被释放

B. 可以通过 global 保留字在函数内部声明全局变量

C. 全局变量一般没有缩进，在程序执行的全过程中有效

D. 全局变量不能和局部变量重名

9. 代码如下：

```
def average12(num1, num2):
    aver = (num1+num2)/2
    return aver
score1, score2 = eval(input(" 请输入两门课程的成绩 :"))
score = average12(score1, score2)
print(aver)
print(" 平均成绩为 %.1f" % score)
```

用户从键盘输入“86, 87”后，程序运行结果是(　　)。

A. 86.5 平均成绩为 86.5

B. 平均成绩为 85.5

C. None

D. NameError

10. 代码如下：

```
def double(args):
    args *= 2
    return args
args = 5
print(args)
```

下列说法错误的是(　　)。

A. 执行结果是 10

B. 执行结果是 5

C. 在函数 double() 内部，args 是局部变量，函数退出后被释放

D. “args *= 2”语句等同于“args = args * 2”

11. 代码如下：

```
def func(a, b):
    c = a**2 + b**2
    a, b = b, a
    return c
a = 3
b = 4
c = func(a, b) + b
```

以下选项中描述正确的是(　　)。

A. 执行该函数后，变量 c 的值为 28

B. 执行该函数后，变量 a 的值为 4

C. 执行该函数后，变量 b 的值为 3

D. 执行该函数后，变量 c 的值为 29

12. 代码如下：

```
def func(a, b, *args):
    return args
print(func(1, 2, 3, 4, 5))
```

以下选项中正确的是(　　)。

A. 形参个数和实参个数不相等，系统报错

B. 执行结果是 [3, 4, 5]

C. 执行结果是 (3, 4, 5)

D. “def func(a, b, *args)”中的“*”号可以去掉

13. 关于 import 引用，以下选项中描述错误的是(　　)。

A. import 保留字用于导入模块或者模块中的对象

B. 可以使用“from setup import random”引入 turtle 库

C. 使用“import random”引入 random 库

D. 使用“import time as t”引入 time 库，取别名为 t

14. 关于函数的返回值，以下选项中描述错误的是(　　)。

A. 函数可以返回 0 个或多个结果

B. 函数必须有返回值

C. 函数可以有 return 语句，也可以没有

D. return 语句可以传递 0 个或多个返回值

15. 代码如下：

```
n = 2
def multiply(x, y=10):
    global n
```

```
    n *= 3
    return x * y * n
s = multiply(25, 2)
print(s)
```

以下选项中错误的是(　　)。

A. 语句“global n”可以删除

B. 执行结果为 300

C. 函数 multiply() 退出后，全局变量 n 不会被释放

D. 函数 multiply() 退出后，变量 n=6

16. 代码如下：

```
def func1(n):
    s=1
    for i in range(1, n+1):
        s *= 1
    return s
```

以下选项中描述正确的是(　　)。

A. 代码中 n 是全局变量

B. 代码中 n 是可选参数

C. 语句 return s 可以删除

D. func1() 函数的功能是求 n 的阶乘

17. 假设函数中不包括 global 保留字，对于改变参数值的方法，以下选项中错误的是(　　)。

A. 参数是列表类型时，改变原参数的值

B. 参数是整数类型时，不改变原参数的值

C. 参数是组合类型(可变对象)时，改变原参数的值

D. 参数的值是否改变与函数对变量的操作有关，与参数类型无关

18. 给出如下代码：

```
score3 = 90
def average123(num1, num2):
    aver = (num1+num2+score3)/3
    return aver
score1, score2 = eval(input("请输入两门课程的成绩："))
score = average123(score1, score2)
print("平均成绩为 %.1f" % score)
```

用户从键盘输入“86, 87”后，程序运行结果是(　　)。

A. 平均成绩为 86.5　　B. 平均成绩为 87.7

C. None　　D. NameError

19. 代码如下：

```
c = 2
def average123(num1, num2):
    c = 1
    aver = (num1+num2+c) / 3
    return aver
score1, score2 = eval(input(" 请输入两个数字 :"))
score = average123(score1, score2)
print(" 三个数的平均值是 :", score)
```

用户从键盘输入“2, 3”后，程序运行结果是(　　)。

A. 三个数的平均值是：1.6666666666666667

B. 三个数的平均值是：2.3333333333333335

C. 三个数的平均值是：2.0

D. 系统报错

20. 代码如下：

```
def func(n)
    a, b = 1, 1
    for i in range(n)
        a, b = b, a + b
    return a
print(func(5))
```

下列选项中，描述错误的是(　　)。

A. 代码中，return() 用来返回函数的执行结果

B. 代码中的“a, b = b, a + b”可用“a = b; b = a + b”来代替

C. 代码运行结果是“8”

D. “range(5)”等同于“range(0, 5, 1)”

21. 关于递归函数的描述，以下选项中正确的是(　　)。

A. 可以提高代码执行速度

B. 函数比较复杂

C. 函数内部包含对本函数的再次调用

D. 函数可以没有递归基和递归表达式

## 二、判断题

1. 函数代码在调用时才被执行。(　　)

2. 在 Python 中，def 和 return 是函数必须使用的保留字。(　　)

3. 函数必须有返回值。（　　）

4. 数字类型的全局变量在函数内部要使用 global 保留字声明后才可以修改数据。（　　）

5. 如果全局变量和局部变量重名，函数内局部变量起作用，函数外全局变量起作用。（　　）

6. 函数定义中，参数列表中的参数是实际参数，简称实参。（　　）

7. 在 Python 中，一个 PY 文件就是一个模块，自定义模块的定义形式为"import <模块>*"。（　　）

8. 递归函数可以提高代码的执行速度。（　　）

9. 程序在调用时，将形参复制给函数的实参。（　　）

三、填空题

1. 代码如下：

```
def func(a, b):
    c = a**2 + b**2
    a, b = b, a
    return c
a = 3
b = 4
c = func(a, b) + b
print(c)
```

输出结果是______。

2. 执行如下代码，运行结果为______。

```
def func(a, b):
    return a > b
s = func(3, 2)
print(s)
```

3. 程序填空：用户从键盘输入正整数 $n$，编写函数输出 $n$ 的阶乘。

```
def fac(num):
    if num == 0:
        ①____________
    else:
        ②____________
n = eval(input("请输入一个正整数:"))
print("{}!={}".format(n, fac(n)))
```

4. 执行如下代码，运行结果为______。

```
def exchange(a, b):
```

```
    a, b = b, a
    return(a, b)
x = 10
y = 20
x, y = exchange(x, y)
print(x, y)
```

5. 执行如下代码，运行结果为______。

```
n = 2
def func(x, y= 10):
    global n
    return x * y * n
    n * = 3
s = func(25, 2)
print(s)
```

【参考答案】

一、1. A　2. C　3. C　4. D　5. D　6. A　7. B　8. D　9. D　10. A
11. D　12. C　13. B　14. B　15. A　16. D　17. D　18. B　19. C　20. B
21. C

二、1. √　2.×　3.×　4. √　5. √　6. ×　7. ×　8. ×　9. ×

三、1. 29　2. True　3. return 1 和 return num*fac(num−1)
4. 20 10　5. 100

# 第7章

# 面向对象编程基础

Python 语言既可以面向过程编程，也可以面向对象编程。当使用面向对象的编程思想时，类与对象是 Python 的核心概念。

## 知识概述

## 7.1 面向对象的概念

### 7.1.1 什么是面向对象

面向对象(Object Oriented, OO)是现在流行的软件设计与开发方法，几乎所有的程序开发都使用面向对象编程。面向对象思想使程序员在设计软件时，关注的焦点不再只是程序的逻辑流程，还有程序中的对象以及对象之间的关系。同时面向对象开发作为一个更加标准的开发模式，因其在程序中进行了子模块化设计，所以每个模块能够单独存在并可以被重复利用，提高了程序开发的效率。

面向对象的思想可以理解为，根据对客观世界的认识和总结，以对象为中心，采用基于对象(实体)属性的抽象和概括建立逻辑模型，实现对对象的分析、设计与实现，其中核心的概念就是类与对象。

### 7.1.2 面向对象的特性

面向对象程序设计有三个主要的特性：封装、继承和多态。

(1) 封装。一是指把对象的成员属性和行为封装成一个不可分割的独立单位(即对象)；二是指将基本类结构的细节隐藏起来，让有些属性或行为不被外界所知晓，只有通过对外提供的接口才能实现对实例变量的访问。

(2) 继承。子类继承父类的属性和方法，同时也可以新增自己特有的属性和方法。Python 中的类还具有多继承的特性，一个类可以有多个父类。

(3) 多态。多态即多种状态，是指同一个方法在父类及其不同子类所创建的对象中，可以具有不同的表现和行为。

综上所述，面向对象编程的优点主要表现在：提高了代码的复用性；使编码更为灵活，提高了代码的可维护性；提高了程序的可扩展性及软件开发效率。

## 7.2 类与对象

在面向对象过程中，类与对象是基本的组成单元，类是对一个客观群体特征的抽象描述，而对象是表示一个个具体的可操作的事物。在进行面向对象程序设计时，对象是可以直接使用的，而类则是将具有共同特征和行为的一组对象进行抽象的模板。

如图 7-1 所示，动物是一大类，下面可细分为爬行动物、哺乳动物、昆虫等若干子类，而猫又是哺乳动物下的一个更具体的类别。当猫具体指代某一个体时，该个体则被称为猫类的一个对象。

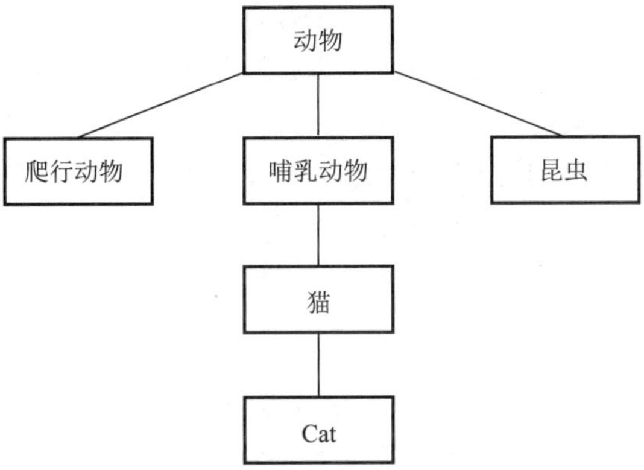


图 7-1 动物分类实例

类由三部分构成，分别是类名、属性和方法。类名表示一个类的名称；属性就是描述类的相关数据；方法则是可进行的操作、行为或方法，用于描述功能。

另外，类也是面向对象程序设计实现信息封装的基础，通过封装来进行私有化定义，使类外部无法访问封装属性，进而保证了属性操作的安全性，防止数据被外部代码意外破坏。

对象是对客观事物的抽象，是由类创建出来的一个具体存在，代表类中的一个独立个体。对于对象来说，最基本的东西就是属性，如果对象是一个包含数据和过程的软件实体，那么包含在对象中的数据就被称为对象的属性。在 Python 中，对象的属性即成员变量。

对象执行操作或做出行为的过程也有一个名称，叫作方法。在 Python 中，对象的成员方法就是对该对象的属性进行计算和操作的函数。

总之，对象是一个独立的单元，它由对数据进行操作的属性和成员方法组成。对象所具备的所有行为都是由类定义的。因此，在开发的过程中应该先定义出类的结构，然后再通过对象使用这个类。

## 7.3 类的定义与对象初始化

### 7.3.1 定义类

类的主体主要由两部分构成,即若干类的属性和若干方法。所谓属性,可以简单理解为类里面的变量,而方法就是在类里面定义的函数。定义类使用关键字"class"完成。其中,类中的每个函数中都有一个"self",这里的"self"表示的是该类自身,当成员方法需要传递参数时,"self"必须放在第一参数的位置上。

### 7.3.2 对象的创建及初始化

声明、创建一个类对象,是指生成一个具体的实际例子,是从抽象到具体的过程,通常把这个过程称为实例化。实例化的结果就是创建了一个具体的对象。代码"stu = Student()"就是创建对象的基本语法形式,即通过类名后跟圆括号的形式完成类对象的创建,并将该对象赋值给变量。

在 Python 中,只有类才可以创建对象,对象被创建出来后必须进行初始化才具有意义,因此需要为对象设置属性值。类的初始化方法通过定义 __init__() 函数实现。

## 习题解析

1. 现有一座已知面积的空房子,房主想要添置几件具有名称和占地面积的家具,将添置家具后的房子信息打印出来,包括总面积、剩余面积、家具名称。

【解析】

```
class Furniture:
    # 定义家具类
    def __init__(self, name, area):
        self.name = name
        self.area = area
class House:
    # 定义房子类
    def __init__(self, area):
        self.area = area
        self.free_area = area
        self.item_list = []
    def show(self):
        print(" 总面积为 %.2f,剩余面积为 %.2f\n 家具:%s" % (self.area, self.free_area,
        self.item_list))
```

```
    def add_item(self, item):
        # 判断家具的面积
        if item.area > self.free_area:
            print("%s 的面积太大了，无法添置 "%(item.name))
        return
        # 可以添置，则将家具的名称添加到列表中
        self.item_list.append(item.name)
        print(" 添置 %s，占地面积 %d" % (item.name, item.area))
        # 计算剩余面积
        self.free_area -= item.area
        print(" 剩余面积 ", self.free_area)

# 创建家具对象
bed = Furniture("bed", 13)
wardrobe = Furniture("wardrobe", 10)
table = Furniture("table", 7)
kitchenware = Furniture("kitchenware", 12)
# 创建房子对象
my_home = House(80)
# 将家具添加到房子中
my_home.add_item(bed)
my_home.add_item(bed)
my_home.add_item(wardrobe)
my_home.add_item(wardrobe)
my_home.add_item(table)
my_home.add_item(table)
my_home.add_item(kitchenware)
my_home.add_item(wardrobe)
my_home.show()
```

运行结果：

```
添置 bed，占地面积 13
剩余面积 67
添置 bed，占地面积 13
剩余面积 54
添置 wardrobe，占地面积 10
剩余面积 44
```

```
添置 wardrobe，占地面积 10
剩余面积 34
添置 table，占地面积 7
剩余面积 27
添置 table，占地面积 7
剩余面积 20
添置 kitchenware，占地面积 12
剩余面积 8
wardrobe 的面积太大了，无法添置
总面积为 80.00，剩余面积为 8.00
家具：
['bed', 'bed', 'wardrobe', 'wardrobe', 'table', 'table', 'kitchenware']
```

2. 模拟学生信息管理系统。学生信息管理系统中有两个身份，分别是学生和管理员，他们的权限不同，也就意味着操作不同。

【解析】

```
class Student:
    # 定义学生类
    def __init__(self, id, name, tel):
        self.id = id
        self.name = name
        self.tel = tel
    def __str__(self):
        return f"{self.id}, {self.name}, {self.tel}"
'''
数据的格式说明：
[{'id':'001', 'name':'iuiu', 'tel':'iuiuiu'},
{'id':'002', 'name':'877887', 'tel':'9889989'},
{'id':'003', 'name':'hjhjhj', 'tel':'87878778'}, …]
'''
class StudentManager:
    # 定义学生管理员类
    def __init__(self):
        self.student_list = []
    def show_student(self):
        if len(self.student_list) == 0:
            print(" 目前没有任何记录 ")
```

```
        for item in self.student_list:
            print(item)
    def load_student(self):
        self.student_list = []
        try:
            fp = open(fname, "r")
            fp.read()
        except IOError:
            print("Error: 没有找到文件或读取文件失败，数据为空 ")
            return
        else:
            fp.close()
        with open(fname, "r") as fp:
            alist = eval(fp.read())
            for stu in alist:
                self.student_list.append(Student(stu['id'], stu['name'], stu['tel']))
        return
    def add_student(self):
        id = input(" 请输入学号：")
        for e in self.student_list:
            if id == e.id:print(" 该学号已经存在 ")
                return
        name = input(" 请输入姓名：")
        tel = input(" 请输入手机号：")
        student = Student(id, name, tel)
        self.student_list.append(student)
        print(" 已经插入记录 ", student)
    def modify_student(self):
        id = input(" 请输入要修改记录的学号：")
        for e in self.student_list:
            if id == e.id:
                print(" 该记录的信息为：", e)
                name = input(" 请修改姓名为：")
                e.name = name
                tel = input(" 请修改手机号为：")
                e.tel = tel
                break
```

```
            else:
                print(" 没有该学号 ")
    def search_student(self):
        id = input(" 请输入要查询记录的学号：")
        for e in self.student_list:
            if id == e.id:
                print(f" 学号：{e.id}，姓名：{e.name}，手机号：{e.tel}")
                break
            else:
                print(" 该学号不存在 ")
    def del_student(self):
        id = input(" 请输入要删除记录的学号：")
        for e in self.student_list:
            if id == e.id:
                self.student_list.remove(e)
                print(" 该学号信息已经删除 ")
                break
            else:
                print(" 该学号不存在 ")
    def save_student(self):
        with open(fname, "w") as fp:
            new_list = [e.__dict__ for e in self.student_list]
            fp.write(str(new_list))
        print(" 已经保存到文件 ")
    @staticmethod
    def show_menu():
        print(" 请输入如下功能：")
        print("0: 显示记录 ")
        print("1: 导入记录 ")
        print("2: 追加记录 ")
        print("3: 修改记录 ")
        print("4: 查询记录 ")
        print("5: 删除记录 ")
        print("6: 保存记录 ")
        print("7: 退出系统 ")
    def run(self):
        self.show_menu()
```

```
        while True:
            menu_num = input(" 请输入功能序号:")
            if menu_num == "0":
                self.show_student()
            elif menu_num == "1":
                self.load_student()
            elif menu_num == "2":
                self.add_student()
            elif menu_num == "3":
                self.modify_student()
            elif menu_num == "4":
                self.search_student()
            elif menu_num == "5":
                self.del_student()
            elif menu_num == "6":
                self.save_student()
            elif menu_num == "7":
                break


if __name__ == "__main__":
    fname = "student.data"
    stu_manager = StudentManager()
    stu_manager.run()
```

运行结果举例：

```
请输入如下功能：
0: 显示记录
1: 导入记录
2: 追加记录
3: 修改记录
4: 查询记录
5: 删除记录
6: 保存记录
7: 退出系统
请输入功能序号:2
请输入学号:001
请输入姓名:Lily
```

```
请输入手机号：13583810000
已经插入记录 001, Lily, 13583810000
请输入功能序号：6
已经保存到文件
请输入功能序号：4
请输入要查询记录的学号：001
学号：001，姓名：Lily，手机号：13583810000
请输入功能序号：3
请输入要修改记录的学号：001
该记录的信息为：001, Lily, 13583810000
请修改姓名为：Lily
请修改手机号为：13183810000
请输入功能序号：4
请输入要查询记录的学号：001
学号：001，姓名：Lily，手机号：13183810000
```

3. 按类与对象的思想，编程记录 Lily 一天的校园生活及能量值，计算一天的总能量值。

【解析】

```
# Course 类包括课程名称、上课质量、上课时间，计算出该课得到的能量
class Course:
    def __init__(self, name, quality, time):
        self.name = name
        self.quality = quality
        self.time = time
        # 上课时间小于 2 小时，能量与时间成正比，2 小时后效果减半
        if time <= 2:
            self.energy = quality * time * 10
        else:
            self.energy = (quality*2*1+quality*(time-2)*0.5) * 10
    def __str__(self):
        return ' 去上 %s 课了，获得能量：%.2f' % (self.name, self.energy)

# Hobby 类包括爱好名称、有益质量、花耗时间，计算出所得到的能量
class Hobby:
    def __init__(self, name, quality, time):
        self.name = name
```

```
        self.quality = quality
        # 娱乐时间小于 2 小时，获得能量；大于 2 小时，损失能量
        if time <= 2:
            self.energy = quality * time * 10
        else:
            self.energy = (quality*time*2-quality*(time-2))*10
    def __str__(self):
        return '去 %s 了，获得能量：%.2f' % (self.name, self.energy)

# Student 类包括学生名字、一天的行为列表，得到一天的能量
class Student:
    def __init__(self, name):
        self.name = name
        # 初始能量
        self.energy = 10
        self.actionlist = []
    def __str__(self):
        return '姓名：%s\n, 活动：%s\n, 今日能量：%.2f' % (self.name, self.actionlist, self.energy)
    def gocourse(self, course):
        print(course)
        self.actionlist.append(course.name)
        self.energy += course.energy
        print('总能量：%.2f\n' % self.energy)
    def gohobby(self, hobby):
        print(hobby)
        self.actionlist.append(hobby.name)
        self.energy += hobby.energy
        print('总能量：%.2f\n'%self.energy)

stu1 = Student('Lily')
course1 = Course('Python', 0.95, 3)
course2 = Course('大学英语', 0.92, 2)
hobby1 = Hobby('打羽毛球', 1, 2)
hobby2 = Hobby('刷手机', -1, 1)
stu1.gocourse(course1)
stu1.gocourse(course2)
stu1.gohobby(hobby1)
```

```
stu1.gohobby(hobby2)
print(stu1)
```

运行结果：

```
去上 Python 课了，获得能量：23.75
总能量：33.75

去上大学英语课了，获得能量：18.40
总能量：52.15

去打羽毛球了，获得能量：20.00
总能量：72.15

去刷手机了，获得能量：-10.00
总能量：62.15

姓名：Lily
活动：['Python', '大学英语', '打羽毛球', '刷手机']
今日能量：62.15
```

# 第8章

# 文件操作

文件是指计算机文件，是以硬盘、光盘、U盘等计算机存储介质为载体的、能够被计算机管理的一组有意义的数据项的集合，文件可以是文本文档、图片、程序、视频、音频等。概念上，文件是数据的集合和抽象，用文件形式组织和表达数据更有效，也更加灵活。有关文件的操作主要包括：

（1）打开文件或者创建一个新文件。

（2）读/写数据。

（3）关闭文件。

**知识概述**

## 8.1 文件类型与格式

在Windows操作系统下，按照不同的格式和用途，文件可以分为很多类型。为便于管理和识别，需要给每个文件命名。文件名是用英文句号连接主文件名和扩展名的，即“主文件名 . 扩展名”。主文件名可以自定义，以区分不同的文件；扩展名一般是创建文件的应用软件默认给定的，这样就可以根据文件的扩展名判定文件的种类，从而知道其格式和用途。例如，文本文档常见扩展名有txt，doc，pdf等，图片文件常见扩展名有jpg，gif，png等，声音文件扩展名一般为wav，mp3等，视频文件常见扩展名为mp4，avi，mov等，可执行文件常见扩展名有exe，com。

按照文件中数据的组织形式，一般把文件分为文本文件和二进制文件。文本文件是一种典型的顺序文件，按逻辑结构划分属于流式文件，它一般由单一特定编码的字符组成，通过在文件最后一行后放置文件结束标志指明文件的结束。二进制文件由比特“0”和比特“1”组成，没有统一的字符编码。二进制是信息按照非字符但特定格式形成的文件，例如PNG格式的图片文件、AVI格式的视频文件等，用记事本等文本文件编辑工具是不能打开二进制文件的。

文本文件和二进制文件只是文件的展示方式，本质上所有文件在计算机内部都是以二进制形式存储的。当文件以二进制方式打开时，读写按照字节流方式展开；当文件以文本方式打开时，读写按照字符串方式展开。

## 8.2 文件的读写

### 8.2.1 文件的打开与关闭

文件处理的步骤为打开→操作→关闭。在 Python 中，使用函数 open() 可以打开一个已经存在的文件，若文件不存在则创建一个新文件。而关闭文件时，使用函数 close() 释放文件的使用授权，换言之，允许其他进程使用这个文件。

调用 open() 函数时需要提供文件的访问模式作为参数，文件的访问模式见表 8-1。

表 8-1 文件的访问模式

| 访问模式 | 说明 |
|---|---|
| r | 默认模式。以只读方式打开文件，文件的指针将会放在文件开头。如果文件不存在，返回“FileNotFoundError”提示 |
| w | 覆盖写模式。如果该文件已存在，则将其覆盖；如果该文件不存在，则创建新文件用于写入 |
| x | 创建写模式。文件不存在则创建，存在则返回“FileExistsError”提示 |
| a | 追加写模式。如果该文件已存在，文件指针将会放在文件的结尾，也就是说新的内容将会写入已有内容之后；如果该文件不存在，则创建新文件用于写入 |
| rb | 默认模式。以二进制格式打开一个文件用于只读 |
| wb | 以二进制格式打开一个文件用于写入。如果该文件已存在，则将其覆盖；如果该文件不存在，则创建新文件用于写入 |
| ab | 以二进制格式打开一个文件用于追加。如果该文件已存在，文件指针将会放在文件的结尾，也就是说新的内容将会写入已有内容之后；如果该文件不存在，则创建新文件用于写入 |
| r+ | 打开一个文件用于读写。文件指针将会放在文件的开头 |
| w+ | 打开一个文件用于读写。如果该文件已存在，则将其覆盖；如果该文件不存在，则创建新文件用于读写 |
| a+ | 打开一个文件用于读写。如果该文件已存在，则文件指针将会放在文件的结尾。文件打开时会是追加模式。如果该文件不存在，则创建新文件用于读写 |
| rb+ | 以二进制格式打开一个文件用于读写。文件指针将会放在文件的开头 |
| wb+ | 以二进制格式打开一个文件用于读写。如果该文件已存在，则将其覆盖；如果该文件不存在，则创建新文件用于读写 |
| ab+ | 以二进制格式打开一个文件用于追加。如果该文件已存在，文件指针将会放在文件的结尾；如果该文件不存在，则创建新文件用于读写 |

### 8.2.2 读写文件

Python 对于文本文件的读写比较灵活，包括按行、按字节长度等方式，详见表 8-2。

表 8-2 文件的读写操作

| 文件读写操作 | 描述 |
|---|---|
| f.read(size=-1) | 缺省参数时读入全部内容，否则读入前 size 长度 |
| f.readline(size=-1) | 缺省参数时读入一行内容，否则读入该行前 size 长度 |
| f.readlines(hint=-1) | 缺省参数时读入文件所有行，以行作为元素形成列表，否则读入前 hint 行 |
| f.write(s) | 向文件 f 写入一个字符串或字节流 s |
| f.writelines(lines) | 将一个字符串或元素全为字符串的列表 lines 写入文件 f |
| fp.tell() | 文件的当前位置，以文件头为原点 |
| fp.next() | 返回下一行，并将标记移到下一行 |
| f.seek(offset) | 改变当前文件 f 操作指针的位置，offset 含义如下：0—文件开头，1—当前位置，2—文件结尾 |

注意：

（1）如果使用 open() 函数打开一个文件，那么可以不用设置打开的模式，即只写“open('test.txt')”。

（2）如果使用 read() 函数多次读取，那么后面读取的数据是从上次读完后的位置开始的。

与 read() 函数没有参数时类似，readlines() 函数可以按行把整个文件中的内容进行一次性读取，并且返回的是一个列表，其中每一行的数据为一个元素。而 readline() 函数仅读取一行数据。若要使用 readline() 函数读取文件中的所有数据，需要配合循环语句实现。

### 8.2.3 CSV 文件

CSV（Comma-Separated Values，逗号分隔值）是一种通用的、相对简单的文件格式，原指用逗号分隔元素的存储格式，后来分隔符扩展到了分号、制表符等。目前，CSV 被广泛应用于商业和科学研究领域。CSV 文件具有以下特征：

（1）纯文本，使用某个字符集，比如 ASCII，Unicode，EBCDIC 或 GB 2312。

（2）由记录组成（典型的是每行一条记录）。

（3）每条记录被分隔符（典型分隔符有逗号、分号和制表符，有时可以是可选的空格）分隔为字段。

（4）每条记录都有同样的字段序列。

使用 Microsoft Excel 软件不仅可以打开 CSV 文件，还可以将 Excel 文件另存为 CSV 文件。CSV 文件也可由记事本打开，它本身就是一个 TXT 文件。在 Python 中，可以使用 csv 模块读取和写入 CSV 文件。在 csv 模块中，一个 CSV 文件被视为一个二维列表进行读取。

## 8.3 文件与目录操作

在实际开发中，经常需要对文件进行读取、遍历、修改等操作，通过 Python 的内置

os 模块，能够以简洁高效的方式完成这些操作。常见的操作如下：

（1）文件操作：包括文件的查询、创建、修改、删除等，见表 8-3。

表 8-3 文件操作

| 文件操作 | 名称 | 说明 |
|---|---|---|
| 查询操作 | open()/read()/close() | 文件读取 |
| | stat() | 获取文件状态和属性信息 |
| 创建操作 | open() | 打开一个文件 |
| 修改操作 | open()/write()/close() | 写入文件内容 |
| | rename() | 重命名文件 |
| 删除操作 | remove() | 删除文件 |

（2）文件夹（目录）操作：包括文件夹的查询（查看、遍历）、创建、删除、修改（改名、移动）等，见表 8-4。

表 8-4 文件夹（目录）操作

| 文件夹（目录）操作 | 名称 | 说明 |
|---|---|---|
| 查询操作 | listdir() | 获取文件及目录列表 |
| | getcwd() | 获取当前列表 |
| | chdir() | 更换目录 |
| | stat() | 获取文件及目录基本信息 |
| 创建操作 | mkdir() | 新建目录 |
| 删除操作 | rmdir() | 删除空目录 |
| 修改操作 | rename() | 重命名目录 |

（3）路径操作：文件夹或文件的路径操作，如文件名与路径分割、扩展名分割等。

## 习题解析

1. 归纳几种文本文件读取的方式，比较其异同。

【解析】

（1）使用 open() 函数以只读模式打开文件，并使用 read() 方法读取整个文件内容。read() 方法一次性读取整个文件内容，适用于文件较小的情况，但如果文件较大，可能会导致内存不足。

（2）使用 open() 函数以只读模式打开文件，并使用 readline() 方法逐行读取文件内容。readline() 方法逐行读取文件内容，适用于文件较大、无法一次性读入内存的情况。该方法每次只读取一行，内存占用较小。

（3）使用 open() 函数以只读模式打开文件，并使用 readlines() 方法将整个文件内容按行读入一个列表中。readlines() 方法将整个文件内容按行读入一个列表中，适用于需要按行处理文件的情况。与 readline() 方法相比，它会一次性将整个文件内容读入内存，因此内存占用较大。

2. 创建文件 data.txt，共 100 000 行，每行存放一个 1～100 的整数。

【解析】

```
import random
f = open('data.txt', 'w+')
for i in range(100000):
    f.write(str(random.randint(1, 100)) + '\n')
f.seek(0, 0)
print(f.read())
f.close()
```

运行结果如图 8-1 所示。

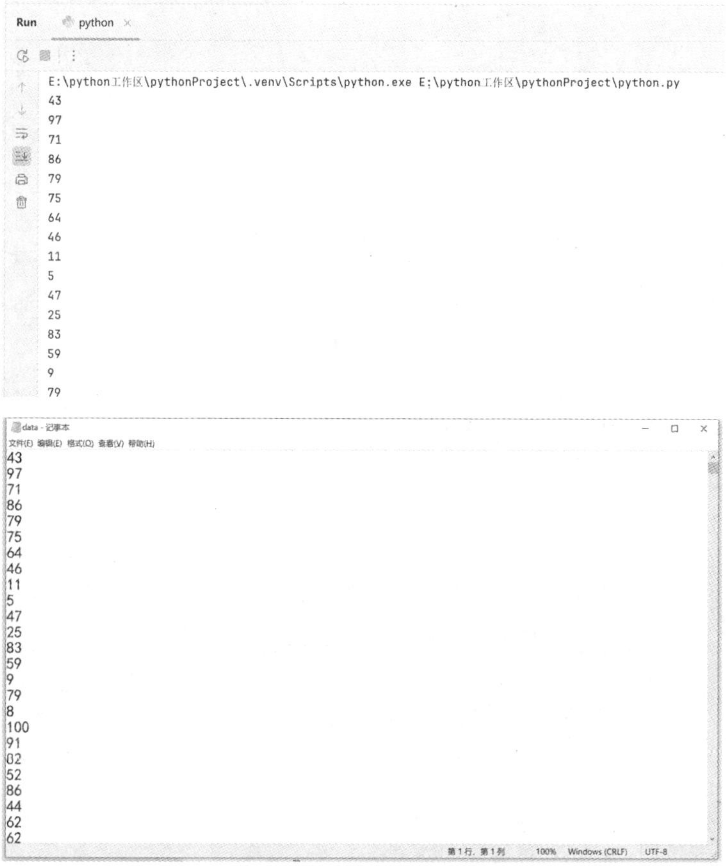


图 8-1 运行结果

3. 读取一个文件，显示除了以“#”开头的行以外的所有行。

【解析】

```
f = open('data.txt', 'r')
content = f.readlines()
```

```
i = 1
for temp in content:
    if '#' not in temp:
        print("%d:%s" % (i, temp))
        i += 1
f.close()
```

运行结果如图 8-2 所示。

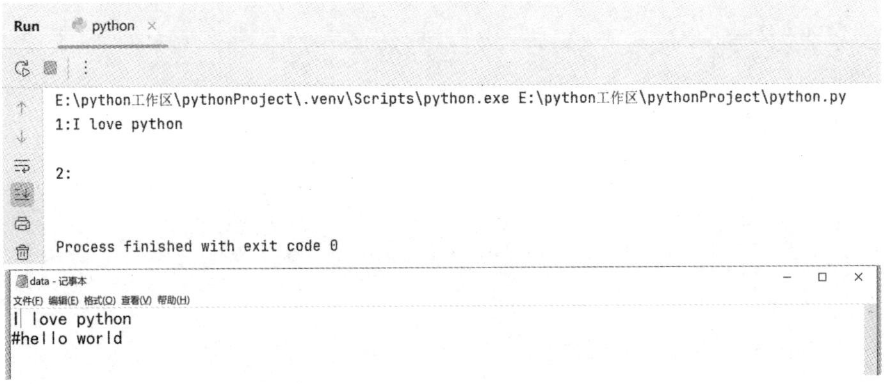


图 8-2　运行结果

4. 输入 10 名学生的基本信息(包括学号、姓名、性别)到文件“test.csv”中。

【解析】

```
import csv
headers = [' 学号 ', ' 姓名 ', ' 性别 ']
rows = [('202001', ' 张三 ', ' 男 '),
        ('202002', ' 李四 ', ' 男 '),
        ('202003', ' 王五 ', ' 男 '),
        ('202023', ' 郑雪 ', ' 女 '),
        ('202010', ' 王硕 ', ' 男 '),
        ('202027', ' 苏玉 ', ' 女 '),
        ('202022', ' 安敏 ', ' 女 '),
        ('202011', ' 李辉 ', ' 女 '),
        ('202055', ' 刘红 ', ' 女 '),
        ('202013', ' 赵雅 ', ' 女 ')]
with open('text.csv', 'w', encoding='utf8', newline=' ') as f:
    writer = csv.writer(f)
    writer.writerow(headers)
writer.writerows(rows)
```

运行结果如图 8-3 所示。

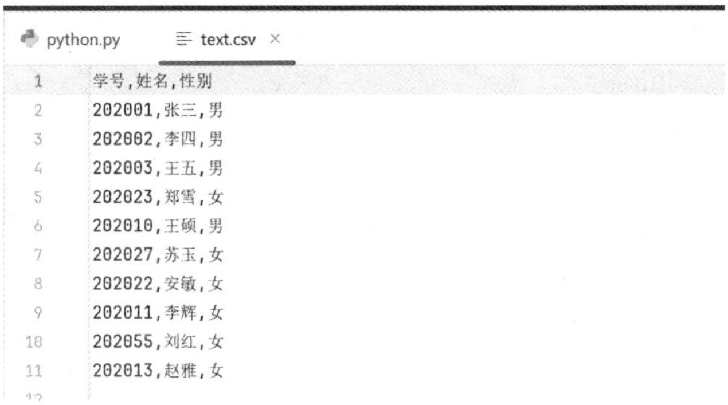


图 8-3　运行结果

5. 制作一个密码簿，在其中存储一个网址（如“www. itinfo. com”）和一个密码（如“123456”），编写程序完成这个密码簿的增、删、改、查功能，并且实现文件的存储功能。

【解析】

```
def showInfo():
    f = open("passwordFile", 'r+')
    pwlist = f.readlines()
    f.close()
    for pw in pwlist:
        print(pw, end = ' ')
def addPassword(webAddress, password):
    f = open("passwordFile", 'a+')
    f.write(webAddress + ',' + password + '\n')
    f.close()
    print(" 添加成功 ")
    showInfo()
def delPassword(webAddress, password):
    index, pwlist = selPassword(webAddress, password)
    if index >= 0:
        del pwlist[index]
        f = open("passwordFile", 'w')
        for tempt in pwlist:
            f.write(tempt)
        f.close()
        print(" 删除成功 ")
    showInfo()
def selPassword(webAddress, password):
    webpw = webAddress + ', ' + password + '\n'
```

```
    f = open("passwordFile", 'r+')
    pwlist = f.readlines()
    f.close()
    if webpw in pwlist:
        strindex = pwlist.index(webpw)
        index = int(strindex)
        if index >= 0:
            print(" 密码已找到,在密码薄第 %d 行 " % (index+1))
            return index, pwlist
    else:
        print(" 输入的网址密码不在密码簿中 ")
        return -1, pwlist
def updatePassword():
    print(" 请先输入原网址密码！ ")
    webAddress = input(" 输入网址：")
    password = input(" 输入密码：")
    index, pwlist = selPassword(webAddress, password)
    if index >= 0:
        print(" 请输入新网址密码！ ")
        newWebAddress = input(" 输入网址：")
        newPassword = input(" 输入密码：")
        newWebPw = newWebAddress+ ',' + newPassword + '\n'
        pwlist[index] = newWebPw
        f = open("passwordFile", 'w')
        for tempt in pwlist:
            f.write(tempt)
        f.close()
        print(" 修改成功 ")
    showInfo()
def menu():
    print("-"*10 + " 密码簿管理 " + " -"*10)
    print("\t\t1:  添加 ")
    print("\t\t2:  删除 ")
    print("\t\t3:  修改 ")
    print("\t\t4:  查找 ")
    print("\t\t5:  显示全部 ")
    print("\t\t0:  退出 ")
```

```
    menuSelection = input("请输入功能选项：")
    if menuSelection == '1':
        webAddress = input("输入网址：")
        password = input("输入密码：")
        addPassword(webAddress, password)
    elif menuSelection == '2':
        webAddress = input("输入网址：")
        password = input("输入密码：")
        delPassword(webAddress, password)
    elif menuSelection == '3':
        updatePassword()
    elif menuSelection == '4':
        webAddress = input("输入网址：")
        password = input("输入密码：")
        selPassword(webAddress, password)
    elif menuSelection == '5':
        showInfo()
    elif menuSelection == '0':
        exit()
    else:
        print("请输入正确的选项数字！")

while 1:
    menu()
```

运行结果如图 8-4 所示。

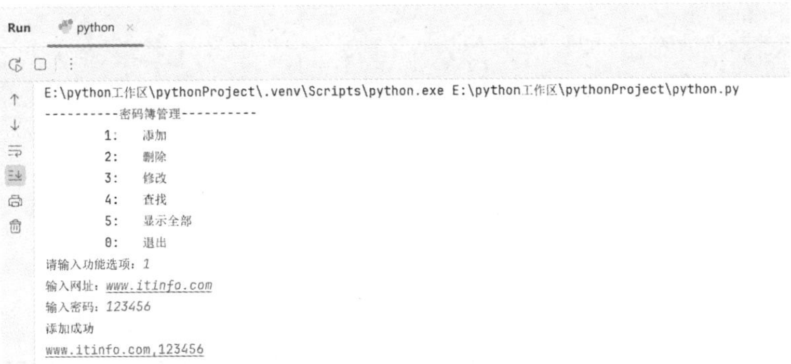


图 8-4　运行结果

6. 打开一个英文文件，将其中的“#”“*”“&”等符号去掉，复制到另一个文件中，并统计英文单词出现的次数，按升序排列。

【解析】

```
f = open('test.txt', 'r')
word = f.read()
f.close()
word2 = word.replace('#', ' ').replace('*', ' ').replace('&', ' ')
f = open('test2.txt', 'w')
f.write(word2)
f.close()
f = open("test2.txt")
word3 = f.read()
f.close()
def compare(word3):
    dict1 = {}
    list1 = word3.split()
    set1 = set(list1)
    for i in set1:
        data = word3.replace(i, "")
        list2 = data.split()
        num = len(list1) - len(list2)
        dict1[i] = num
    return dict1
dict1 = compare(word3)
dictsort = sorted(dict1.items(), key = lambda d:d[1], reverse = False)
with open('test2.txt', 'a') as f:
    f.write('\n' + str(dictsort))
f = open("test2.txt")
co = f.read()
f.close()
print("%s" % co)
```

运行结果如图 8-5 所示。

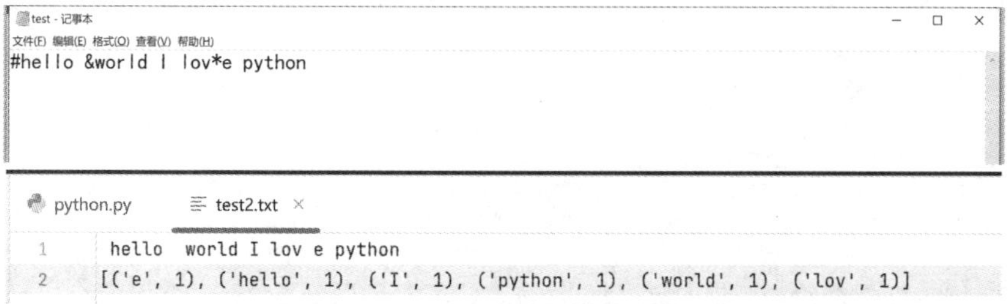


图 8-5 运行结果

第9章

# Python 计算生态

Python 拥有强大的第三方库和包管理机制，使得编写 Python 程序变得非常轻松。Python 社区的软件包仓库（PyPI）中有数以万计的第三方库，几乎覆盖开发过程中所有常用的功能需求，使用 pip，PyCharm，Anaconda 等包管理工具可以非常方便地进行安装和使用。

## 知识概述

## 9.1 常用第三方库的简介与安装

表 9-1 列出了 Python 常用的第三方库，每一种第三方库的功能都十分复杂，本章仅介绍打包库 PyInstaller 与分词库 Jieba 的基本用法。

表 9-1　Python 常用第三方库

| 名称 | 功能 |
| --- | --- |
| NumPy | 数组、矩阵运算 |
| Pandas | 数据分析与统计，是对 NumPy 的进一步封装 |
| SciPy | 数值计算，支持矩阵、积分、微分方程求解、傅里叶变换等 |
| Scikit-learn | 机器学习 |
| OpenCV | 计算机视觉，用于图像处理 |
| Requests | URL 解析 |
| BeautifulSoup | HTML 代码解析，用于网络爬虫 |
| Jieba | 中文分词 |
| Matplotlib | 数据可视化 |
| PyInstaller | 打包 Python 程序以支持其脱离 Python 环境也能够运行 |

管理 Python 第三方库的一种主要方式是 pip 工具，这是在 Python 编译器安装时提供的自带包管理工具。使用 pip 不仅可以查看本机已安装的 Python 第三方库列表，还支持安装、升级和卸载等操作。

使用 pip 工具管理第三方库，只需要在保证计算机联网的情况下输入若干命令即可完成，极大地方便了用户。常用 pip 命令的使用方法见表 9-2。

表 9-2　常用 pip 命令的使用方法

| pip 命令 | 说明 |
| --- | --- |
| pip list | 列出当前 Python 环境下已安装的所有模块 |
| pip install 模块名 [== 版本 ] | 下载并安装指定模块，安装时可指定版本 |
| pip install --upgrade 模块名 | 更新已安装的指定模块 |
| pip uninstall 模块名 [== 版本 ] | 卸载已安装的指定模块 |

Python 编译器成功安装且环境变量配置正确的情况下，在“开始”菜单中找到 cmd（命令提示符）工具，输入 pip 命令及指定第三方库，即可完成对应操作。网站 https://pypi.python.org/pypi 中提供了 Python 第三方库列表，可以根据需要下载源码进行安装或者使用 pip 工具进行在线安装，部分库还提供了 WHL 文件和 EXE 文件的离线安装包，大幅简化了安装过程。

## 9.2 打包库 PyInstaller

在 PyCharm 环境中可以编辑、调试和运行 Python 语言脚本（PY 文件），那么如何将自己编写的程序脱离 Python 环境直接运行呢？解决方法同其他一些程序设计语言一样，先将 Python 脚本打包成可执行文件，然后在其他环境中运行即可。

安装好 PyInstaller 库后，进入终端窗口中运行“pyinstaller 路径及文件名”命令，执行完毕后当前工作目录中将生成“build”和“dist”两个子目录，其中“dist”中含有最终的打包程序，其他文件为该打包程序的动态链接库。

若想由 Python 源文件直接生成一个独立的可执行文件，可以在打包命令“pyinstaller”的后面追加参数“-F”，执行后会在“dist”目录中出现一个没有任何依赖库的 EXE 可执行文件，如图 9-1 所示。

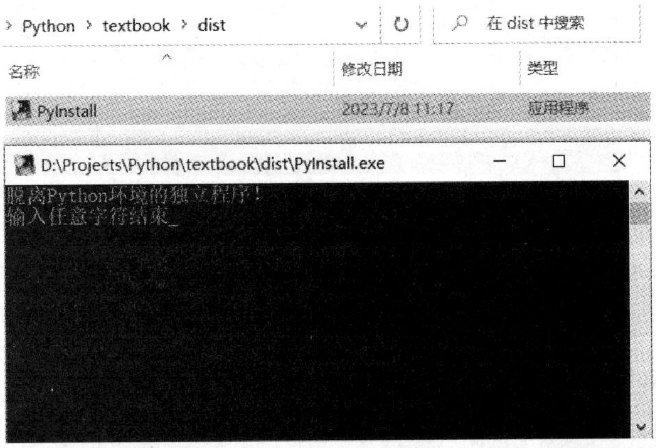


图 9-1　Python 可执行文件

对于包含第三方库的源文件，可以使用“-p”参数添加第三方库所在路径。如果第三方库由 pip 安装且在 Python 环境目录中，则不需要使用该参数。

## 9.3 中文分词库 Jieba

在自然语言处理领域经常需要对文字进行分词，分词的准确度直接影响后续文本处理和挖掘算法的最终效果。对于一段英文文本，使用字符串处理的 split() 方法即可实现，但对于中文文本来说，例如“中国是一个伟大的国家”，想要获得其中的词汇十分困难，因为英文文本中的单词可以通过空格分隔，而中文词汇之间并无分隔符，这是中文及类似语言独有的“分词”问题。在本例中，对“中国是一个伟大的国家”进行分词，可分为“中国”“是”“一个”“伟大”“的”“国家”等一系列词语。

Jieba 库是一款优秀的中文分词库，不仅可以实现较高精度的分词效果，还支持增加自定义中文词汇。Jieba 库支持三种分词模式：第一种是精确模式，将句子精确地切开，适合文本分析；第二种是全模式，把句子中所有可以组词的词语都扫描出来，速度非常快，但是不能消除歧义；第三种是搜索引擎模式，在精确模式的基础上，对长词再次切分，提高召回率，适合用于搜索引擎分词。

Jieba 库常用分词函数见表 9-3。

表 9-3　Jieba 库常用分词函数

| 函数 | 描述 |
|---|---|
| jieba.lcut(s) | 精确模式，返回一个按中文词汇切分的列表 |
| jieba.lcut(s, cut_all=True) | 全模式，返回一个列表，包含文本 s 中所有可能的单词 |
| jieba.lcul_for_search(s) | 搜索引擎模式，适合搜索引擎建立索引的分词结果 |
| jieba.add_word(w) | 向分词词典中增加新词 w，例如人名等特殊词汇 |

## 习题解析

1. 完成矩阵的和、差、乘运算。

【解析】

```
import numpy as np

# 创建一个 4×4 的矩阵
matrix = np.array([
    [1, 2, 3, 4],
    [5, 6, 7, 8],
    [9, 10, 11, 12],
    [13, 14, 15, 16]
```

```
])
# 矩阵元素的和
sum_all = matrix.sum()

# 矩阵对角线元素之和
sum_diagonal = matrix.trace()

# 矩阵的差
difference = matrix.sum() - matrix.trace()

# 矩阵乘以差值
result = matrix * difference

print(" 矩阵和 : ", sum_all)
print(" 对角线元素之和 : ", sum_diagonal)
print(" 差值 : ", difference)
print(" 乘以差值后的矩阵 : \n", result)
```

运行结果如图 9-2 所示。

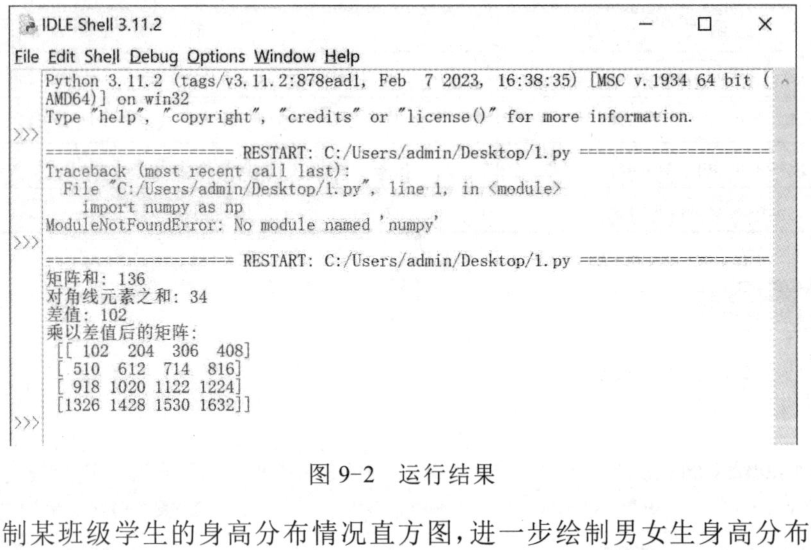


图 9-2 运行结果

2. 绘制某班级学生的身高分布情况直方图，进一步绘制男女生身高分布情况直方图。

【解析】

```
import matplotlib.pyplot as plt
# 学生身高数据
height_list = [170, 165, 172, 178, 160, 175, 180, 168, 170, 172, 173, 177, 176, 162, 165, 170]
```

```
# 绘制直方图
plt.hist(height_list)
# 设置标题和坐标轴标签
plt.title("Height Distribution")
plt.xlabel("Height")
plt.ylabel("Frequency")
# 显示图形
plt.show()
# 男女身高分布直方图
# 学生身高数据
male_height_list = [170, 165, 172, 178, 160, 175, 180, 168, 170]
female_height_list = [172, 173, 177, 176, 162, 165, 170]
# 绘制男女生身高分布情况直方图
plt.hist([male_height_list, female_height_list], color = ['blue','pink'], label = ['Male', 'Female'])
# 设置标题和坐标轴标签
plt.title("Height Distribution by Gender")
plt.xlabel("Height")
plt.ylabel("Frequency")
# 添加图例
plt.legend()
# 显示图形
plt.show()
```

运行结果如图 9-3 所示。

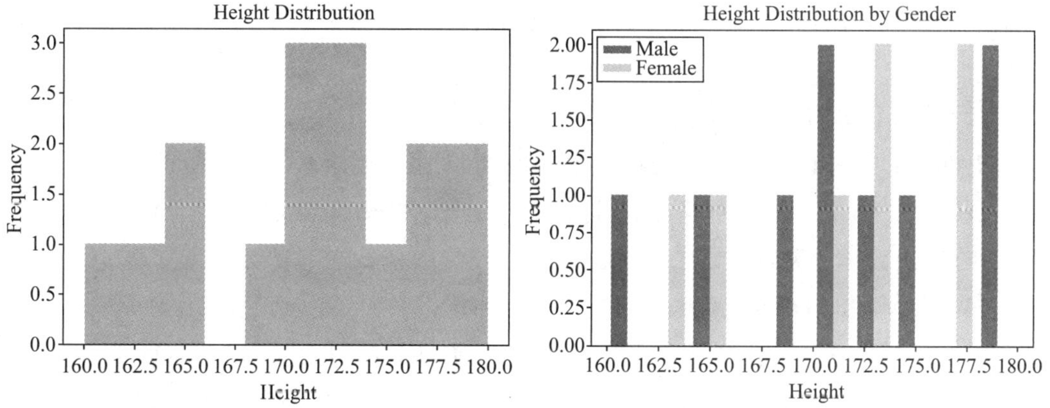


图 9-3 运行结果

# 第10章

# Python 应用领域概述

Python 语言是接近自然语言的编程语言，具有简洁易读的语法、强大的编程能力和数据分析能力，还提供了丰富的标准库和第三方库，广泛应用于多种前沿领域，包括物理数学方向、建筑与机械方向、生物化学方向及经济管理方向等。

## 知识概述

### 10.1 数学计算与统计

Python 在数学计算与统计方面有诸多应用，如数学建模、符号计算与概率统计、数据分析与可视化等。

（1）数学建模。

Python 语言能够建立起合适的数学模型，有强大的求解计算技术，可以对大型复杂数据进行分析和优化，使数学模型的求解更加简便高效，建立模型从而预测未来事件的结果。

（2）符号计算与概率统计。

Python 的符号计算与概率统计库 SymPy 可以为符号计算与概率统计提供符号代数、微积分、参数估计与推断等功能，进行符号运算、求积、矩阵运算、决策树、随机森林等操作，解决数学计算与统计中的问题。

（3）数据分析与可视化。

Python 拥有各种统计分析和数据可视化库，如 NumPy，Pandas 和 Matplotlib，提供了丰富的数据处理和清洗工具，可以探索数据集的特征，清理和规整数据集，处理缺失异常值问题，制作各种图表、图像，实现交互式可视化，帮助用户更好地理解，帮助传达数据分析的结果。

## 10.2 数值计算与分析

（1）数值计算。

Python 的科学计算库 NumPy 提供了高效的多维数组和向量化操作，使得数值计算变得更加简单和高效。NumPy 可以进行各种数值计算，包括线性代数、傅里叶变换、统计分析等，这对于数学建模和科学计算非常有用。

（2）数据分析。

Python 的数据处理和分析库 Pandas 是一个强大的工具，用于处理和分析大规模数据集。Pandas 可以进行数据清洗、转换、聚合和合并等操作，使得数据分析变得更加便捷和高效。此外，Python 还有其他数据分析库（如 SciPy 和 Scikit-Learn），也提供了丰富的统计分析和机器学习算法。

（3）图像处理。

Python 的图像处理库 OpenCV 可以用于图像的读取、处理和分析。它提供了一系列用于图像处理和计算机视觉的功能，包括图像滤波、边缘检测、目标识别和图像分割等。这对于图像处理和计算机视觉应用非常有用。

（4）数值优化。

Python 的优化库 SciPy 提供了多种优化算法，可用于数值优化问题的求解。这些算法包括最小化和最大化问题的求解、约束优化问题的求解，甚至能够处理全局优化问题。

（5）插值和拟合。

Python 的 SciPy 库提供了许多插值和拟合的函数，可以进行曲线拟合、数据插值，并且支持不同的插值方法，如线性插值、三次样条插值等。这对于数据重构和曲线拟合非常有用。

（6）数值仿真。

Python 的 SciPy 和 NumPy 库提供了用于数值仿真的函数。通过这些库，可以对不同的系统进行建模和仿真，如控制系统仿真等，使得数值仿真变得更加简单和高效。

## 10.3 物理与电子工程

Python 在物理领域方面具有广泛的应用，可以解决各种实际问题，如数据分析与可视化、概率与统计模型、电路设计与仿真、控制系统设计与仿真等，并且具有丰富的库和工具支持，使得开发和实验变得更加高效和便捷。

在物理与电子工程方面，对于难以得到解析解或实验条件苛刻的问题，可以通过 Python 中功能强大且易用的第三方库进行科学计算和仿真模拟，完成实验预测，大大节省了实验的成本。

（1）电路设计与分析。

Python 的电子工程相关库（如 PySpice 和 SimPy）提供了电路设计和分析的功能。通过创建电路模型、定义元器件参数和连接关系，可以进行电路的设计和分析。通过电路分析，可以计算电流、电压、功率等关键指标，以评估电路性能、优化设计和解决电路问题。

（2）模拟与验证。

Python 的电路仿真库（如 PySpice 和 SimPy）可用于模拟和验证电路的行为。通过加载合适的输入信号，可以模拟电路在不同条件下的响应，如时域响应、频域响应等。这对于验证设计的正确性、评估电路的性能和可靠性非常重要。

（3）参数拟合与优化。

Python 的优化库（如 SciPy）提供了参数拟合和优化的功能，可用于电路元器件参数的拟合和设计优化。通过与实际测量数据进行拟合，可以确定元器件的参数，以准确地模拟电路行为。同时，通过优化算法搜索最佳的参数配置，可以优化电路性能和满足设计需求。

（4）混合信号系统仿真。

Python 中的一些库（如 SimPy）可以用于混合信号系统的建模和仿真，其中包括模拟电路和数字电路的集成。这对于系统级设计和评估非常重要，可以实现模拟电路与数字控制环节的协同仿真和联合优化。

（5）信号处理与分析。

Python 的数值计算库（如 NumPy 和 SciPy）提供了各种信号处理算法和函数，用于处理和分析无线通信中的信号。通过这些库，可以进行信号滤波、频谱分析、时频分析、波形变换等操作，从而更好地理解和处理无线通信信号。

（6）无线通信系统建模与仿真。

Python 的无线通信库（如 PyComm 和 Scikit-Commpy）提供了无线通信系统建模和仿真的功能。通过定义发送端和接收端的参数和配置，可以模拟无线信道传输、调制解调、信道编码和解码等过程。这对于系统设计、性能评估和优化非常重要。

（7）数字通信技术实现。

Python 的数字通信库（如 GNURadio）提供了数字通信技术的实现和开发平台。通过这些库，可以将各种调制解调、信道编码和解码等数字通信算法实现为可执行的流图，并进行实时的信号处理和通信。这对于研究新的通信技术、开发定制的通信系统非常有用。

（8）信道建模与信号传输性能评估。

Python 的无线信道建模库（如 PyRay，ChannelSim）可用于建立无线信道模型，模拟信号的传播、衰落和干扰。通过这些库，可以评估无线信号在不同信道环境下的性能，如信号质量、传输速率、误码率等。这对于优化无线通信系统、设计可靠的通信方案非常重要。

## 10.4 建筑与机械

Python 语言作为面向对象编程语言，编程简单方便，在建筑与机械方向，能够实现结构优化、数字化建模、软件数据的传递与交互等，在多方面的工程设计与数值计算和分析中起到重要作用。

（1）建模和仿真。

Python 在机械工程中广泛应用于建模和仿真任务。它提供了各种库和工具，如 NumPy，SciPy 和 Matplotlib，可以用于建立模型、求解方程、进行数值计算和可视化。这些工具可用于模拟机械系统的行为，进行结构分析和优化，帮助工程师在设计阶段进行预测和验证。

（2）数据处理和分析。

Python 具有强大的数据处理和分析能力，可以用于处理从传感器、实验和模拟中获取的大量数据。通过使用 Pandas 等库，工程师可以对数据进行清洗、过滤、分析和可视化，从而提取有用的信息，并根据结果进行设计优化或故障诊断。

（3）自动化和控制。

Python 可以用于编写自动化脚本和控制系统，以实现机械设备和系统的自动化操作。通过使用 PySerial，PyUSB 等库，工程师可以与各种硬件设备进行通信，并开发自定义控制算法，实现精确的运动控制、机器人操作或生产线自动化等功能。

（4）优化和设计。

Python 中的优化库（如 SciPy 的优化模块）可以用于解决机械工程设计中的优化问题。工程师可以定义设计变量、约束条件和目标函数，通过调用适当的优化算法寻找最优设计参数。这种优化方法可以用于优化机械系统的性能、质量、成本等方面。

（5）结构分析和设计。

Python 提供了各种用于结构分析和设计的库和工具。例如，使用结构分析库（如 PyNite 和 OpenSeesPy），工程师可以对建筑物、桥梁和其他土木结构进行分析和评估。此外，Python 还提供了一些用于结构设计的库，如 PyEtabs 和 PyAISC，可以帮助工程师进行结构设计和优化。

（6）地震工程。

对于土木工程项目的地震分析和设计，Python 提供了许多有用的库和工具。例如，工程师可以使用 PySeismoSignal 和 Hazarduoso 等库获取地震记录，进行地震分析和地震风险评估。此外，Python 还提供了用于进行地震响应谱分析和强度设计的库，如 EQcorrscan 和 PyQuake，帮助工程师进行地震设计和评估。

（7）水资源工程。

Python 在水资源工程中也有广泛的应用。例如，使用水文模型库（如 HydroStats 和 HydroLai），工程师可以对降雨－径流过程进行模拟和预测。此外，Python 还提供了用于水文分析和水资源管理的库(如 PyGEM 和 WaMDaM),可以帮助工程师进行水资源评估和决策。

(8) 土力学和地质工程。

Python 提供了一些库和工具,用于处理土力学和地质工程中的数据。例如,使用基坑和边坡稳定性分析库(如 PyGEOL),工程师可以进行土力学分析和设计。此外,Python 还提供了用于地质数据处理和建模的库(如 GemPy 和 PyVista),可以帮助工程师进行地质工程设计和地质建模。

## 10.5 环境工程设计

(1) 污染物传输模拟。

Python 提供了各种库和工具,用于模拟和评估污染物在环境中的传输和扩散。通过使用数值模型库(如 CE-QUAL-W2 和 MODFLOW),工程师可以模拟河流、湖泊、地下水和海岸区域中的水质、气态污染物和沉积物的传输行为。这对于评估和管理污染物的影响、制订环境保护策略和工程规划非常重要。

(2) 自动化数据处理和分析。

环境工程设计过程中通常涉及大量的实验数据和监测数据。Python 提供了强大的数据处理和分析库,如 Pandas 和 NumPy,可以帮助工程师对实验数据进行清洗、整理、分析和可视化。此外,Python 还提供了用于统计分析、回归分析和数据挖掘的工具和库,如 SciPy 和 Scikit-learn,可应用于环境数据的解释和模式识别。

(3) 水资源管理和规划。

Python 在水资源管理和规划方面有广泛的应用。例如,使用水资源模拟库(如 WaterSim,WEAP 和 MODSIM),工程师可以模拟和优化水资源系统的供需平衡、水资源分配和方案制订。此外,Python 还提供了用于水资源经济分析和决策支持的库和工具,帮助工程师进行水资源管理和决策。

(4) 废物处理和环境风险评估。

对于废物处理和环境风险评估,Python 提供了一些库和工具。例如:使用 SimPy 和 DEAP 等库可以建立废物处理系统的模拟和优化模型,使用 Probabilistic Toolkit 库可以进行环境风险评估和不确定性分析。

## 10.6 生物化学

Python 在生物化学方面应用广泛,Python 可以处理基因组序列、注释基因、查找 SNPs 和 CNVs 等,也可以将化学中的各种关系数据整合,绘制其关系曲线图,从而更直观地呈现各变量之间的关系。

（1）分子建模与计算化学。

Python拥有多个用于分子建模和计算化学的库（如RDKit和Open Babel）。这些库提供了分子描述符计算、分子对接、化学反应模拟等功能。通过这些库，化学研究人员可以进行分子结构分析、药物设计和反应机理研究等工作。

（2）反应工程与过程优化。

Python在反应工程领域中应用广泛。利用Python的优化库（如SciPy和Pyomo），可以进行过程参数优化、反应路径优化等工作，帮助工程师提高反应过程的效率和产品性能。

（3）化学工艺模拟和优化。

Python在化学工艺模拟和优化方面也非常有用。通过使用Python的库（如Cantera和Gekko），可以建立化学反应器模型、流程模拟和优化模型，以提高化工工艺的效率，减少能源消耗和优化产品质量。

（4）量子化学计算。

Python在量子化学计算中也有应用。利用Python的库（如Psi4和PySCF），可以进行量子力学计算，如计算分子结构、能量、振动频率等。这对于理论化学家进行计算模拟和研究分子性质非常有用。

（5）化学数据库和信息检索。

Python的库（如ChemPy和Chembl），可用于访问和搜索化学数据库，获取化合物属性、反应数据和文献信息等。这些库提供了便捷的检索和获取化学信息的方法。

（6）生物医学数据分析。

Python的数据分析库（如NumPy和Pandas）和科学计算库（如SciPy和Scikit-learn）可用于处理和分析生物医学数据。这包括基因组学、蛋白质组学和转录组学数据的分析，以及生物图像数据的处理和分析。

（7）生物信息学。

Python在生物信息学中是一种常用的编程语言。Python的库（如Biopython）提供了一系列工具，用于生物序列的处理、比对、结构预测和分析。这对于基因组测序、蛋白质结构预测和功能注释非常有用。

（8）医学影像分析。

Python在医学影像分析中具有广泛的应用。借助Python的库，如OpenCV和SimpleITK，可以进行医学图像的预处理、分割、特征提取和分类。这对于肿瘤检测、器官定位和疾病诊断等有重要意义。

（9）生物数据可视化。

Python的可视化库（如Matplotlib和Seaborn）可用于可视化生物医学数据和结果。通过创建各种图表、图像和交互式可视化，可以更好地理解和传达生物医学数据的模式和趋势。

（10）医疗信息管理系统。

Python的Web开发框架（如Django和Flask）可以用于开发医疗信息管理系统和电子病历系统。这些系统可用于患者管理、医疗数据存储、数据分析和决策支持。

## 10.7 经济管理

在经济学和管理学领域，Python越来越受欢迎。Python具有易学易用的特点，同时拥有丰富的库和工具，使得经济学家和管理学家能够更轻松地进行数据分析和建模。

### 10.7.1 金融数据分析

（1）金融风险管理。

通过使用Python进行金融数据分析，可以帮助金融机构和投资者评估和管理风险。可以利用Python的数据分析库和金融模型来分析股票、债券、衍生品等金融产品的风险指标和波动性。通过计算VaR（在险价值）和CVaR（条件在险价值）等指标，可以提供风险评估和风险分析。

（2）投资组合优化。

Python可以用于进行投资组合分析和优化。可以使用Python的优化库和金融数据分析库来构建投资组合模型，并利用历史数据进行回测和优化。通过优化投资组合权重，可以最大化预期收益、最小化风险或达到某种风险收益平衡。

（3）金融市场分析。

Python可以用于对金融市场的数据进行分析，包括股票市场、外汇市场、期货市场等。通过使用Python的数据分析和可视化库，可以对市场数据进行可视化展示，分析市场趋势、波动性以及相关因素对市场的影响。

（4）金融衍生品定价。

Python可以用于金融衍生品的定价和风险管理。通过使用Python的金融模型和数值计算库，可以对各种衍生品，如期权、期货、利率衍生品等进行定价和风险评估，帮助金融机构和投资者做出决策。

### 10.7.2 文本挖掘与感情分析

（1）市场调研与消费者洞察。

通过应用Python进行文本挖掘和情感分析，可以分析消费者的评论、社交媒体数据、市场调研报告等大量非结构化文本数据，了解消费者对产品、品牌和服务的看法和情感倾向。这有助于企业了解市场需求、消费者偏好以及公司形象和声誉。

（2）品牌声誉管理。

Python可以用于对社交媒体和在线新闻等渠道中与品牌相关的文本数据进行分

析。通过情感分析，可以评估品牌声誉的积极和消极情感趋势，帮助企业监控和管理品牌形象，及时应对负面声音或改进产品和服务。

（3）舆情监测和危机管理。

利用Python进行文本挖掘和情感分析，可以帮助企业监测和分析公众对它的看法和情感。在出现危机或舆情事件时，可以通过分析这些数据，了解危机发展趋势、公众情感和舆情传播动态，及时采取应对措施来降低负面影响。

（4）新闻分析和市场预测。

Python可以用于对新闻和媒体报道进行情感分析。通过分析新闻文本中的情感倾向，可以了解市场情绪、预测市场动态和价格走势。这对投资者和金融机构来说可能是有价值的参考和决策依据。

（5）市场竞争和品牌定位。

通过对竞争对手的产品评论、新闻报道等文本数据进行分析，可以了解竞争对手的优势和劣势，并评估自身品牌的定位和市场表现。这可以帮助企业制订市场策略，改进产品和服务，以及了解市场竞争格局。

### 10.7.3 电子商务

（1）网络爬虫和数据采集。

Python的网络爬虫库（如BeautifulSoup和Scrapy）可用于从电子商务网站收集产品信息、价格和评论等数据。这些数据可用于市场分析、竞争情报和价格监控等。

（2）推荐系统和个性化营销。

Python的机器学习库（如Scikit-learn和TensorFlow）可用于构建推荐系统和个性化营销模型。通过分析用户行为和购买历史，可以为用户推荐相关产品，提高销售转化率和用户满意度。

（3）在线支付和交易处理。

Python可用于处理电子商务平台的在线支付和交易。通过集成支付接口（如PayPal和Stripe），可以实现安全的支付流程和订单处理。

（4）客户服务和聊天机器人。

Python的自然语言处理库（如NLTK和spaCy）可用于开发客户服务聊天机器人。这些机器人可以帮助用户解答常见问题，提供产品建议和处理退货退款等，提供良好的用户体验。

（5）数据安全和欺诈检测。

Python可以帮助电子商务平台进行数据安全监控和欺诈检测。通过使用Python的加密库、身份验证库和机器学习算法，可以提高用户安全性和防范欺诈行为。

（6）数据仓库和商业智能。

Python的数据仓库工具（如Apache Airflow和Apache Superset）可用于构建和管理电子商务平台的数据仓库，实现商业智能分析和决策支持。

## 习题解析

1. Python 语言在哪些领域被广泛应用？

【解析】Python 语言在物理、数学、建筑与机械、生物化学、经济管理等方向都有广泛应用。

2. Python 在生物医学领域的应用包括哪些方面？

【解析】Python 在生物医学领域的应用包括生物医学数据分析、生物信息学、医学影像分析、生物数据可视化、医疗信息管理系统等方面。

# 第 11 章

# Python 编程综合训练

编程的目的是将知识转化为生产力。学习程序设计语言，主要锻炼的是通过编程解决实际问题的能力，而这种能力需要在编程实践中得到巩固和提升。

## 综合训练

1. 编写程序判断 s = "123" 是不是整数形式字符串。如果是则输出 True，否则输出 False。

【解析】代码如下：

```
s = "123"
print("True" if type(eval(s)) == type(1) else "False")
```

2. “while True:”可以构成一个“死循环”。请编写程序利用这个死循环完成如下功能：循环获得用户输入，直至用户输入字符“y”或“Y”为止，并退出程序。

【解析】代码如下：

```
while True:
    s = input()
    if s in ["y", "Y"]:
        break
```

3. 仅使用 Python 基本语法，即不使用任何模块，编写 Python 程序计算下列数学表达式的结果并输出，小数点后保留 3 位小数。要求代码不超过 2 行。

$$x=\sqrt{\frac{3^4+5\times 6^7}{8}}$$

【解析】代码如下：

```
x = pow((3**4 + 5*(6**7))/8, 0.5)
print("{:.3f}".format(x))
```

4. 使用程序计算整数 $N$ 到整数 $N$+100 之间所有奇数的数值和，不包含 $N$+100，并将结果输出。整数 $N$ 由用户给出。

【解析】代码如下：

```
N = eval(input())
s = 0
for i in range(N, N+100):
    if i % 2 == 1:
        s += i
print(s)
```

5. 给出一个列表 [3, 7, -2, 4, 5]，检查该列表中是否所有元素都是正数，全是正数则输出“All positive!”，否则输出“Not all positive!”。

【解析】代码如下：

```
L = [3, 7, -2, 4, 5]
for i in L:
    if i <= 0:
        print("Not all positive!")
        break
    else:
        print("All positive!")
```

6. 已知银行存款利率为 1.9%，编写程序计算并输出需要存多少年，10 000 元的存款本金才会连本带利翻一番。

【解析】代码如下：

```
cunkuan = 10000              # 本金 10 000 元
years = 0
while cunkuan < 20000:
    years += 1
    cunkuan = cunkuan * (1+0.019)
print(str(years) + " 年以后，存款会翻番 ")
```

运行结果为：

```
37 年以后，存款会翻番
```

7. 一个年份如果满足以下任一条件，这个年份就是闰年。

（1）能被 400 整除；

（2）能被 4 整除，但是不能被 100 整除。

请编制年份作为参数的闰年判断函数。

输入举例 1：2000

输出举例 1：True

输入举例 2：1900

输出举例 2：False

【解析】代码如下：

```
def leap_year(n):
    if (n%400==0) or (n%4==0 and n%100!=0):
        return True
    else:
        return False
year = eval(input(""))
print(leap_year(year))
```

8. 百分制成绩与等级制成绩的对应关系是：90 ～ 100 分优秀，80 ～ 89 分良好，70 ～ 79 分中等，60 ～ 69 分及格，0 ～ 59 分不及格。编程实现从键盘输入一个百分制成绩，计算机输出对应的等级制成绩。

输入举例：85

输出举例：良好

【解析】代码如下：

```
score = eval(input(""))
if score >= 90:
    grade = " 优秀 "
elif score >= 80:
    grade = " 良好 "
elif score >= 70:
    grade = " 中等 "
elif score >= 60:
    grade = " 及格 "
else:
    grade = " 不及格 "
print(grade)
```

9. 自定义一个求阶乘的函数。要求用户从键盘输入一个正整数，编程输出这个正整数的阶乘。

输入举例：5

输出举例：120

【解析】代码如下：

```
def factorial(N):
    if N == 1:
        return 1
    else:
        return N * factorial(N-1)
```

```
m = eval(input(""))
d = factorial(m)
print(d)
```

10. 假设小明的数学成绩为75，英语成绩为92，编程实现数学成绩达到80分输出"红心"，英语成绩达到90分输出"巧克力"，如果两个条件都没有达到，则输出"家长签名"。

【解析】代码如下：

```
p = 75
q = 92
if p >= 80:
    if q >= 90:
        print(" 红心 + 巧克力 ")
    else:
        print(" 红心 ")
elif q >= 90:
    print(" 巧克力 ")
else:
    print(" 家长签名 ")
```

11. 从键盘获取一个字符串，输出字符串中除英文字母之外的字符。如果遇到符号"#"，则程序结束。

输入举例：ABC123abc!$#123

输出举例：123!$

【解析】代码如下：

```
astr = input("")
for i in astr:
    if i == '#':
        break
    elif not('a'<=i<='z' or 'A'<=i<='Z'):
        print(i, end="")
```

12. 用任一循环语句计算1～100内除6的倍数和7的倍数之外的数字的和。

【解析】代码如下：

```
# 方法一　while 循环语句
i = 1
sum = 0
while i<=100:
    if not(i%6==0 or i%7==0):
```

```
        sum += i
    i += 1
print(sum)
# 方法二  for 循环语句
sum = 0
for i in range(1, 101):
    if not(i%6==0 or i%7==0):
        sum += i
print(sum)
```

13. 使用函数求列表中的最小数，要求函数返回值分别为最小值及其索引下标。

输入举例：

[12, 1, 32, 4, 22, 0, 11]

【解析】代码如下：

```
def findmin(L):
    min = L[0]; index = 0
    for i in range(1, len(L)):
        if L[i] < min:
            min = L[i]; index = i
    return index, min
L = [12, 1, 32, 4, 22, 0, 11]
i, m = findmin(L)
print("The min number is ", m)
print("The index of min number is ", i)
```

14. 国庆节商场满减促销。如果购买金额为 69 ～ 99 元，优惠 5 元；如果购买金额大于 99 元，优惠 15 元。编程实现从键盘输入购买金额，再输出优惠金额和最终价格。

【解析】代码如下：

```
price = eval(input(" 请输入您的购买金额："))
if 69 <= price <= 99:
    discount = 5
    money = price - 5
elif price > 99:
    discount = 15
    money = price - 15
else:
    discount = 0
    money = price
```

```
print(" 您的优惠金额是 %d，请付款 %d" % (discount, money))
```

15. 编写猴子吃桃程序。猴子第一天摘下若干个桃子，当即吃了一半，还不过瘾，又多吃了两个。第二天早上将剩下的吃掉一半，又多吃了两个。以后每天早上都吃了前一天的一半零两个。到第五天早上想再吃时，就只剩下一个桃子了。编程求第一天共摘下多少桃子。

【解析】代码如下：

```
n = 1
day = 5
while day > 1:
    day -= 1
    n = (n+2) * 2
print(" 第一天共摘下 %d 个桃子 " % n)
```

16. 列表 L = ["apple", "pear", "lemon", "peach", "grape"]，编程将列表逆序排列。

【解析】代码如下：

```
L = ["apple", "pear", "lemon", "peach", "grape"]
N = len(L)
for i in range(int(N/2)):
    L[i], L[N-i-1] = L[N-i-1], L[i]
print(L)
```

17. 从键盘输入一个字符串，统计并输出其中各个字符出现的次数。输出结果中，字符需要按照字典顺序升序排序。

输入举例：ABCabcBaaa12

输出举例：

1 1

2 1

A 1

B 2

C 1

a 4

b 1

c 1

【解析】代码如下：

```
astr = input()
counts = {}
for i in astr:
    if i in counts:
```

```
        counts[i] += 1
    else:
        counts[i] = 1
for k in sorted(counts):
    print(k, counts[k])
```

18. 企业根据利润提成给员工发放奖金。当利润小于或等于 10 万元时，可提成 10%；当利润大于 10 万元但小于 20 万元时，低于 10 万元的部分按 10% 提成，高于 10 万元的部分可提成 7.5%；当利润在 20 万到 40 万之间时，高于 20 万元的部分可提成 5%；当利润大于 40 万元时，超过 40 万元的部分按 1% 提成。从键盘输入本年度利润，编程计算并输出应发放奖金数。

输入举例：50

输出举例：2. 85

【解析】代码如下：

```
P = eval(input())
if P <= 10:
    M = 0.1 * P
elif P < 20:
    M = 0.1*10 + 0.075*(P-10)
elif P <= 40:
    M = 0.1*10 + 0.075*10 + 0.05*(P-20)
else:
    M = 0.1*10 + 0.075*10 + 0.05*20 + 0.01*(P-40)
print(M)
```

19. 编写一个素数判断函数，利用该函数找出并打印 $N \sim N+100$（包含 $N+100$）内的素数个数。N 为用户输入的大于 1 的正整数。

输入举例：100

输出举例：21

【解析】代码如下：

```
def fun(num):
    if num == 2:
        return True
    else:
        for i in range(2, num):
            if num % i == 0:
                return False
        return True
```

```
N = eval(input())
s = 0
for e in range(N, N+100+1):
    if fun(e):
        s += 1
print(s)
```

20. 用户从键盘输入任一数组，编程将最大的元素与第一个元素交换，最后输出交换后的数组。

输入举例：[2, 5, 3, 4, 5]

输出举例：[5, 2, 3, 4, 2]

【解析】代码如下：

```
alist = eval(input())
big = max(alist)
L = len(alist)
for i in range(L):
    if alist[i] == big:
        alist[i] = alist[0]
alist[0] = big
print(alist)
```

21. 某个公司采用公用电话传递数据，数据是四位的整数，在传递过程中是加密的，加密规则如下：每个位上的数字先加上 5，再用除以 10 的余数代替该数字。最后将第一位和第四位交换，第二位和第三位交换。

输入举例：1278

输出举例：3276

【解析】代码如下：

```
astr = input()
alist = []
for i in range(4):
    r = (eval(astr[i])+5) % 10
    alist.append(str(r))
bstr = "".join(alist)
newstr = bstr[3] + bstr[2] + bstr[1] + bstr[0]
print(newstr)
```

22. 水仙花数是指一个 3 位数，它的每个位上的数字的 3 次幂之和等于它本身（如 1^3 + 5^3+ 3^3 = 153）。编写一个判断水仙花数的函数，利用该函数判断用户输入的任意 3 位数是不是水仙花数。

输入举例 1：555

输出举例 1：False

输入举例 2：153

输出举例 2：True

【解析】代码如下：

```
def fun(n):
    new = str(n)
    if n == eval(new[0])**3 + eval(new[1])**3 + eval(new[2])**3:
        print(True)
    else:
        print(False)

N = eval(input())
fun(N)
```

23. 用字符串和列表转换的方法，将用户输入的任意字符串中的字符“#”变成“**”。

输入举例：Abc#12#d

输出举例：Abc**12**d

【解析】代码如下：

```
str = input()
ls = list(str)
for i in range(len(ls)):
    if ls[i] == "#":
        ls[i] = "**"
str2 = "".join(ls)
print(str2)
```

24. 用户从键盘输入一个字符串 str，将其中的小写字母改为对应的大写字母，大写字母改为对应的小写字母，其他字符不变，最后输出修改后的结果字符串。

输入举例：Ab#xyZ

输出举例：aB#XYz

【解析】代码如下：

```
str = input()
for char in str:
    if 'a' <= char <= 'z':
        char = chr(ord(char)-32)
    elif 'A' <= char <= 'Z':
```

```
            char = chr(ord(char)+32)
        else:
            char = char
        print(char, end='')
```

25. 用户从键盘输入一个不小于 3 的正整数 $N$，自定义一个函数，编程实现：若 $N$ 小于 3，则输出“false”；若 $N$ 不小于 3，则计算并输出 1 ～ $N$ 内所有 3 的倍数的乘积。

输入举例：10

输出举例：162

【解析】代码如下：

```
def f(a):
    if a < 3:
        return('false')
    else:
        s = 1
        for i in range(1, a+1):
            if i % 3 == 0:
                s *= i
        return s


N = eval(input())
print(f(N))
```

26. 用户从键盘输入以逗号间隔的三个数字，记为“a, b, c”，其中 a 为起始数值，b 为前后相邻数的比值，c 为数列长度，产生一个等比数列，将这个数列以逗号分隔的形式输出，最后一个元素输出后无逗号。

输入举例：3, 4, 5

输出举例：[3, 12, 48, 192, 768]

【解析】代码如下：

```
a, b, c = eval(input())
ls = []
for i in range(c):
    ls.append(a*(b**i))
print(ls)
```

27. a 和 b 是两个长度相同的列表变量，给定列表 a 为 [3, 6, 9]，从键盘输入列表 b，由 a 中元素与 b 中对应元素的和形成新的列表 c，在屏幕上输出。

输入举例：[1, 2, 3]

输出举例：[4, 8, 12]

【解析】代码如下：

```
a = [3, 6, 9]
b = eval(input())
c = []
for i in range(3):
    c.append(a[i]+b[i])
print(c)
```

28. 求 1 ～ 100 内除去偶数以及 5 的倍数之外的数字之和。

【解析】代码如下：

```
sum, i = 0, 0
while i <= 99:
    i += 1
    if not(i%2==0 or i%5==0):
        sum += i
print(sum)
```

29. 一个小球从离地 100 米高度自由落下，每次落地后反弹至原高度的一半再落下，求它在第 2 次落地时，共经过多少米？第 2 次反弹多高？

输入举例：2

输出举例：200  25

【解析】代码如下：

```
h = 100
s = 0
for i in range(1, 3):
    s = s + h
    h = h /2
    s = s + h
print(s-h, h)
```

# 第 12 章

# 全国计算机等级考试编程模拟练习

本章模拟全国计算机等级考试二级 Python 程序设计考试中的三种不同类型的编程题目，综合考查前面章节的知识点，旨在提高读者的综合编程能力。

## 模拟练习

一、基本编程题

1. 要求仅使用 Python 基本运算符编程计算下面的数学表达式并输出计算结果，小数点后保留 2 位小数。

$$\sqrt[3]{\frac{4^3+7\times 3^2}{5}}$$

2. 使用 print 格式化输出模拟进度条，进度条效果如下所示。

0%:

10%:*

20%:**

30%:***

40%:****

50%:*****

60%:******

70%:*******

80%:********

90%:*********

100%:**********

3. 编程计算 1 ～ 100 内所有 5 的倍数的和，并输出结果。

4. 编程输出所有的水仙花数，以星号“*”隔开。请补全程序。

```
for i in ______:
    a = i//100

    ______
```

```
    c = i % 10
    if i == a**3 + b**3 + c**3:
        print(______)
```

5. 编程输出如“2019年10月1日07时00分00秒”样式的时间信息。请补全程序。

```
______
timestr = "2019-10-01 07:00:00"
t = time.strptime(timestr, "%Y-%m-%d %H:%M:%S")
print(time.strftime("______", t))
```

6. 给定一个 Python 源文件 test.py 和图标文件 test.ico，使用 PyInstaller 库将两者打包成带有图标的单一可执行文件。

7. 演讲比赛共有 10 名选手参赛，他们的编号分别为 1，2，3，…，10。请使用 random 库为他们随机抽取出场顺序并打印输出。要求出场顺序不能重复。请补全程序。

```
______
ls = [1, 2, 3, 4, 5, 6, 7, 8, 9, 10]
______
while ls != []:
    order = r.randint(0, len(ls)-1)
    newlist.append(ls[order])
    ______
print(newlist)
```

8. 从键盘输入一个由数字和逗号组成的字符串，计算并打印输出所有输入数字的和。请补全程序。

```
astr = input("请输入一个由数字和逗号组成的字符串:")
______
sum=0
for e in num:
    ______
        ______
print(sum)
```

9. 已知字符串“八百标兵奔北坡，炮兵并排北边跑。炮兵怕把标兵碰，标兵怕碰炮兵炮。”请使用 Jieba 中文分词库的精确模式对字符串进行切分。

10. 给出一个整数 0o157，请计算对应的 Python 语言中的二进制、十进制、十六进制表示形式，并使用逗号分隔输出。

二、简单应用题

1. 使用 turtle 库绘制一个五边形，要求边长为 100，线条颜色为红色。绘制效果如

图 12-1 所示。

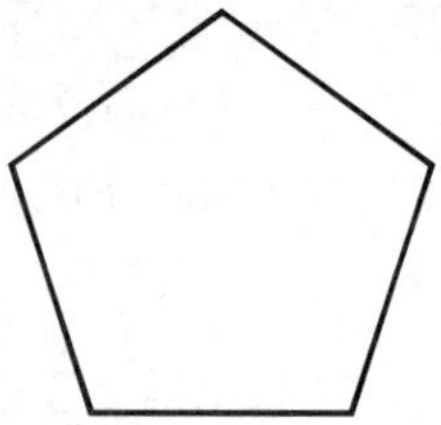

图 12-1　绘制效果

2.《明日歌》内容为："明日复明日，明日何其多。我生待明日，万事成蹉跎。"将《明日歌》的内容作为一个字符串，统计其中不同字符出现的次数，并按照次数由多到少的顺序输出。

3. 编程完成：

（1）创建字典 dict1，包含如下键值对："姓名":"张三""性别":"男""专业":"软件工程""排名":1"。

（2）修改""排名""对应的值为"11"。

（3）删除""性别""对应的键值对。

（4）添加键值对""总成绩":584"。

（5）将字典 dict1 中的键值对逐行打印。

4. 使用递归函数计算整数 $N$ 的阶乘。

5. 创建 1 ～ 100 的整数列表，编程删除列表中的所有素数，并输出结果列表。要求素数的判断使用自定义函数来实现。请将下面的程序补充完整。

```
def is_prime(n):
    for i in range(2, n):
        if ______:
            return False
    ______
    else:
    ______
alist = list(range(1, 101))
for i in alist:
    if is_prime(i):
    ______
print(alist)
```

三、综合应用题

1. 有一个 CSV 文件（学生信息.csv）用来存储 10 个学生的基本信息，内容如下：

姓名，性别，学号

```
周一,男,2023071001
赵二,男,2023071002
张三,女,2023071003
李四,女,2023071004
王五,男,2023071005
陆六,男,2023071006
田七,女,2023071007
郑八,女,2023071008
钱九,女,2023071009
孔十,男,2023071010
```

读取 CSV 文中的数据。用户多次从键盘输入学生姓名,直至输入回车符退出。如果姓名不在文件中,则提示输入错误。如果姓名在文件中,则输出显示相关信息。

2. 给出朱自清《荷塘月色》的网络版本,文件名为"荷塘月色.txt"。

(1) 编写程序,对《荷塘月色》文本中出现的汉字和标点符号进行统计,字符与出现次数之间用冒号分隔,输出保存到"荷塘月色汉字统计.txt"文件中,该文件要求采用 CSV 格式存储,格式如下(注意,不统计空格和回车符):

荷:11,塘:11,月:12

(2) 编写程序,对《荷塘月色》文本中的中文进行分词统计,词语与出现次数之间用冒号分隔,输出保存到"荷塘月色词语统计.txt"文件中。参照格式如下(注意,不统计空格和回车符):

荷塘月色:1,作者:1

3. 下面是一个传感器采集数据文件 sensor-data.txt 的一部分:

2018-02-28 01:03:16.33393 19.3024 38.4629 45.08 2.68742

2018-02-28 01:06:16.013453 19.1652 38.8039 45.08 2.68742

2018-02-28 01:06:46.778088 19.175 38.8379 45.08 2.69964

……

每行是传感器读取的一个数据,其中包括日期、时间、温度、湿度、光照和电压信息,多个信息之间使用空格分隔。其中,湿度处于第 4 列。编程统计传感器采集数据中湿度部分的最大值和平均值,并将结果输出。要求所有值保留 1 位小数。

4. 恺撒密码作为一种古老的对称加密体制,其加密规则是将数据中的每一个英文字符循环替换为该字符后面的第三个字符,即英文字符明文和密文的对应关系如下:

明文:ABCDEFGHIJKLMNOPQRSTUVWXYZ

密文:DEFGHIJKLMNOPQRSTUVWXYZABC

中文字符在 Unicode 编码中的范围是[0x4e00, 0x9fa5],共计 20 902 个字符。要求仿照恺撒密码为中文字符加密,将每一个中文字符循环替换为该字符后面第 100 个字符。编程制作密码本,要求当从键盘输入一个中文字符时,程序可以输出对应的密文。

5.《弟子规》列述弟子在家、外出、待人接物与学习上应该恪守的守则规范。现有《弟子规》原文和译文片段的一个网络版本文件“弟子规网络版.txt”。请提取其中的原文部分，输出保存到“弟子规提取版.txt”文件。

【参考答案】

一、1. 代码如下：

```
a = ((4**3+7*3**2)/5) ** (1/3)
print(" 运算结果是 {:.2f}".format(a))
```

2. 代码如下：

```
for i in range(11):
    a = i*10
    b = "*"*i
    print("{:>3}%:{:<10}".format(a, b))
```

3. 代码如下：

```
sum = 0
for i in range(1, 101):
    if i%5 == 0:
        sum += i
print("1 ～ 100 内所有 5 的倍数的和为 {}".format(sum))
```

4. 代码如下：

```
for i in range(100, 1000):
    a = i // 100
    b = i // 10 % 10
    c = i % 10
    if i == a**3 + b**3 + c**3:
        print(i, end="*")
```

5. 代码如下：

```
import time
timestr = "2019-10-01 07:00:00"
t = time.strptime(timestr, "%Y-%m-%d %H:%M:%S")
print(time.strftime("%Y 年 %m 月 %d 日 %H 时 %M 分 %S 秒 ", t))
```

6. 代码如下：

```
:\> pyinstaller -i test.ico -F test.py
```

7. 代码如下：

```
import random as r
ls = [1, 2, 3, 4, 5, 6, 7, 8, 9, 10]
```

```
newlist = []
while 1s != []:
    order = r.randint(0, len(ls)-1)
    newlist.append(ls[order])
    del ls[order]        #也可写作函数形式
print(newlist)
```

8. 代码如下：

```
astr = input("请输入一个由数字和逗号组成的字符串：")
num = astr.split(",")
sum = 0
for e in num:
    for i in e:
        sum += eval(i)
print(sum)
```

9. 代码如下：

```
import jieba
astr = "八百标兵奔北坡，炮兵并排北边跑。炮兵怕把标兵碰，标兵怕碰炮兵炮。"
newstr = jieba.lcut(astr)
print(newstr)
```

10. 代码如下：

```
num = 0o157
print("0o{0:o} 对应的二进制数、十进制数、十六进制数分别是 0b{0:b}, {0}, 0x{0:x}".
format(num))
```

二、1. 代码如下：

```
from turtle import *
pencolor("red")
pensize(5)
sizc = 100
for i in range(5):
    lt(360/5)
    fd(size)
```

2. 代码如下：

```
astr = "明日复明日，明日何其多。我生待明日，万事成蹉跎。"
counts = {}
for char in astr:
```

```
    counts[char] = counts.get(char, 0) + 1
alist = list(counts.items())
alist.sort(key=lambda x:x[1], reverse=True)
print(" 不同字符出现的次数为 \n", alist)
```

3. 代码如下：

```
dict1 = {" 姓名 ":" 张三 "," 性别 ":" 男 "," 专业 ":" 软件工程 "," 排名 ":1}
dict1[" 排名 "] = 11
del dict1[" 性别 "]
newdict = {" 总成绩 ":584}
dict1.update(newdict)
for i in dictl:
    print("{}:{}".format(i, dictl[i]))
```

4. 代码如下：

```
def factorial(n):
    if n == 0:
        return I
    else:
        return n*factorial(n−1)
num = eval(input(" 请输入一个正整数:"))
print("{}!={}".format(num, factorial(num)))
```

5. 代码如下：

```
def is_prime(n):
    for i in range(2, n):
        if n%i == 0:
            return False
    else:
        return True
alist = list(range(1, 101))
for i in alist:
    if is_prime(i):
        alist.remove(i)
print(alist)
```

三、1. 代码如下：

```
fo = open(" 学生信息.csv", "r")
ls = []
```

```
for line in fo:
    line = line.replace('\n', '')
    line = line.replace('\t', ',')
    ls.append(line.split(","))
fo.closeO
print(ls)
stu = input(" 请输入学生姓名：")
while stu != '':
    for line in ls:
        if stu == line[0]:
            print("{} 的性别是 {}，学号是 {}".format(stu, line[1], line[2]))
        break
    else:
        print(" 该生不在班级名单中 ")
        stu=input(" 请输入学生姓名：")
```

2.（1）代码如下：

```
f0 = open(" 荷塘月色网络版 .txt", "r")
fl = open(" 荷塘月色汉字统计.txt", "w")
txt = f0.read()
counts = {}
for char in txt:
    counts[char] = counts.get(char, 0) + 1
del counts[' ']
del counts['\n']
1s = []
for key in counts:
    ls.append("{}:{}".format(key, counts[key]))
fl.write(", ".join(ls))
print(" 统计结束 !")
f0.close()
fl.close()
```

（2）代码如下：

```
import jieba
f0 = open(" 荷塘月色网络版 .txt", "r")
fl = open(" 荷塘月色词语统计.txt", "w")
txt = f0.read()
```

```
words = jieba.lcut(txt)
counts = {}
for word in words:
    counts[word] = counts.get(word, 0) + 1
del counts[' ']
del counts['\n']
ls = []
for key in counts:
    ls.append("{}:{}".format(key, counts[key]))
f1.write(",".join(ls))
print("统计结束！")
f0.close()
f1.close()
```

3. 代码如下：

```
f = open("sensor-data.txt", "r")
lines = f.readlines()
m, s, n = 0, 0, 0
for line in lines:
    ls = line.split()
    m = m if m > eval(ls[3]) else eval(ls[3])
    n += 1
    s += eval(ls[3])
print("温度值的最大值是{:.1f},平均值是{:.1f}".format(m, s/n))
f.close()
```

4. 代码如下：

```
#创建密码本
secret = {}
for u in range(0x4e00, 0x9fa5+1):
    secret[chr(u)] = chr((u-0x4e00+100)%20902+0x4e00)
#对任意中文字符串加密
s = input("请输入一个中文字符串：")
print("密文为：".format(s), end="")
for c in s:
    if ord(c) in range(0x4e00, 0x9fa5+1):
        print(secret[c], end="")
    else:
```

```
        print(c, end="")
```

5. 代码如下：

```
fi = open(" 弟子规网络版.txt", "r")
fo = open(" 弟子规提取版.txt", "w")
lines = fi.readlines()
flag = False
for line in lines:
    if " 【" in line:
        # 如果遇到“【”,则说明上面某一个文本块结束,设置写标记为 False,不写入
        flag=False
    if " 【原文】 " in line:
        # 如果遇到“【原文】”,则设置写标记为 True,下一行如不遇到“【”就写入
        flag=True
        continue
    if flag == True:
        fo.write(line)
print(" 提取结束 !")
fi.close()
fo.close()
```